中国能源大省中长期温室气体排放路径研究

——以山西省为例

王慧丽 蔡博峰 张 立 袁 进 等／著

中国环境出版集团·北京

图书在版编目（CIP）数据

中国能源大省中长期温室气体排放路径研究 ：以山
西省为例 / 王慧丽等著. -- 北京 ：中国环境出版集团，
2025. 1. --（中国区域碳达峰碳中和研究丛书）.
ISBN 978-7-5111-6178-9

Ⅰ. X511

中国国家版本馆 CIP 数据核字第 20250RX261 号

责任编辑　丁莞歆
装帧设计　宋　瑞

出版发行　**中国环境出版集团**
　　　　　（100062　北京市东城区广渠门内大街 16 号）
　　　　　网　　址：http://www.cesp.com.cn
　　　　　电子邮箱：bjgl@cesp.com.cn
　　　　　联系电话：010-67112765（编辑管理部）
　　　　　　　　　　010-67147349（第四分社）
　　　　　发行热线：010-67125803，010-67113405（传真）
印　　刷　北京鑫益晖印刷有限公司
经　　销　各地新华书店
版　　次　2025 年 1 月第 1 版
印　　次　2025 年 1 月第 1 次印刷
开　　本　787×1092　1/16
印　　张　11
字　　数　210 千字
定　　价　79.00 元

中国环境出版集团郑重承诺：
中国环境出版集团合作的印刷单位、材料单位均有中国环境标志产品认证。

序

推进碳达峰碳中和是党中央经过深思熟虑作出的重大战略决策，是对国际社会作出的庄严承诺，是贯彻新发展理念、构建新发展格局、推动高质量发展的内在要求，对于全面建设社会主义现代化国家、促进中华民族永续发展和构建人类命运共同体都具有重要意义。当前，我国工业化、城镇化等进程还远未结束，经济高质量发展任务依然艰巨，能源消费仍将保持刚性增长，从碳达峰到碳中和的承诺时间仅有 30 年左右，远远短于发达国家所用的时间，这充分体现了大国担当的雄心和魄力，彰显了我国应对气候变化的决心。

自我国"双碳"目标（二氧化碳排放力争于 2030 年前达到峰值，努力争取 2060 年前实现碳中和）提出以来，习近平总书记多次作出重要部署，为碳达峰碳中和提供科学指引。我们必须充分认识实现"双碳"目标的紧迫性和艰巨性，碳达峰碳中和是一场硬仗，绝不是轻轻松松就能实现的。我国的现实国情决定了不能照搬发达国家的自然达峰和减排模式，而是要在完成"双碳"目标的同时实现依赖高碳发展路径的根本转变，需要以经济发展方式转变、产业和能源结构转型的协同发力来促进经济社会的系统性变革。

山西省作为全国重要的能源基地，是备受关注的全国能源革命综合改革试点省份之一。山西省的碳排放总量和强度在全国处于高位，其在短期内实现碳达峰碳中和对全国意义重大。山西省必须加快能源革命步伐，当好"全国能源革命排头兵"，在经济发展中降低对化石能源的依赖，在满足能源安全稳定的前提下，结合自身煤炭大省的基本省情和社会经济发展等情况，科学提出本省的碳达峰碳中和路径，通过制度创新、技术变革等逐步建立低碳产业和绿色能源体系，探索能源大省在碳达峰碳中和背景下切实可行的转型之路。

　　经过多年的科研攻关和升级迭代，以生态环境部环境规划院为核心的研究团队构建了中国中长期排放综合评估（CAEP-CP）模型。该模型已在中国工程院"我国碳达峰碳中和战略及路径研究""江西省碳中和路径研究"等多个咨询项目中应用，并发挥了重要的支撑作用，同时为本研究提供了实践依据。在该模型的基础上，本研究介绍了山西省作为煤炭和电力输出大省，在做好能源供应保障的同时，是如何通过低碳、高质量发展来实现"双碳"目标的排放路径的。相关研究成果得到了评审院士、专家的充分肯定，也支撑了山西省多个重要文件的出台，为该省积极应对气候变化、如期实现碳达峰碳中和、全方位推动高质量发展提供了重要的技术支撑。

　　本书是基于 CAEP-CP 模型开展研究的系列成果之一，是从区域层面对能源大省中长期排放路径的又一重要探索。在面对重大管理需求、技术发展不断提高的形势下，生态环境部环境规划院项目研究团队将持续开展学术攻关，也希望更多在相关领域具有技术优势的研究单位能够加入我们，共同实现 CAEP-CP 模型的不断完善和迭代升级，为我国高质量实现碳达峰碳中和贡献学术力量。

中国工程院院士

中国环境科学学会理事长

国家气候变化专家委员会副主任

生态环境部环境规划院名誉院长

2024 年 10 月 21 日

前言

　　气候变化是当前人类共同面临的严峻挑战之一，积极应对气候变化是全球共识，是人类共同的事业，也是中国可持续发展的内在要求。2020 年，中国作出了二氧化碳排放力争于 2030 年前达到峰值、努力争取 2060 年前实现碳中和的宏伟承诺。实现碳达峰碳中和涉及国民经济发展的方方面面，需要全社会的共同参与和努力。山西省作为全国能源保供基地和煤炭大省，其碳达峰碳中和路径对全国实现碳达峰碳中和目标具有重要影响，对山西省能源结构转型、经济高质量发展意义重大。

　　本书以探讨能源大省实现碳达峰碳中和路径和策略为主题，基于生态环境部环境规划院建立的 CAEP-CP-SX 2.0 模型，以山西省为例，对该省碳排放现状进行综合评估，对其在碳达峰碳中和目标约束下的排放大数据情景与路径进行分析研判。全书共分 11 章，第 1 章介绍了开展山西省碳达峰碳中和路径研究的背景与意义；第 2 章总结了发达国家和地区的碳达峰和碳中和经验，以为山西省提供借鉴和参考；第 3 章介绍了能源大省中长期排放路径研究方法，包括技术路线和 CAEP-CP-SX 2.0 模型的各个模块功能；第 4 章系统分析了山西省社会经济发展和能源利用现状；第 5 章综合评估了山西省温室气体排放现状；第 6 章分析了山西省温室气体排放驱动力；第 7 章结合山西省能源、产业特征等，探讨了山西省实现碳达峰碳中和目标的机遇与挑战；第 8 章基于全国经济社会发展，设计了山西省 2020—2060 年的排放情景；第 9 章探讨了山西省碳达峰路径，提出了碳达峰路线图、重点任务，分析了成本投入及社会经济影响；第 10 章探讨了山西省碳中和路径，明确了碳中和路线图、主要技术及战略布局等；第 11 章聚焦实现碳达峰碳中和目标的制度保障研究，提出了山西省碳达峰碳中和的重大政策建议。

　　本书由中国工程院院地合作项目"山西省碳达峰与碳中和路径研究"（项目号：2021SX6）资助出版，研究过程中得到了山西省发展改革委、省能源局、省生态环境厅等各部门及山西省工程院等单位的大力支持，在此表示诚挚的感谢。本书由生态环境部环境规划院牵头组织完成，参与单位包括山西科城能源环境创新研究院、太原理工大学、新疆金风科技股份有限公司风能研究院、生态环境部卫星环境应用中心、江苏大学、北京师范大学、清华大学。书中难免出现不足之处，欢迎广大读者提出宝贵建议。

章节执笔人

第1章	王慧丽	生态环境部环境规划院碳达峰碳中和研究中心
	蔡博峰	生态环境部环境规划院碳达峰碳中和研究中心
第2章	张　立	江苏大学
	任家琪	北京师范大学
第3章	蔡博峰	生态环境部环境规划院碳达峰碳中和研究中心
	张　立	江苏大学
	李亚飞	新疆金风科技股份有限公司风能研究院
	朱淑瑛	生态环境部环境规划院碳达峰碳中和研究中心
	吕　晨	生态环境部环境规划院碳达峰碳中和研究中心
	张　哲	生态环境部环境规划院碳达峰碳中和研究中心
第4章	袁　进	太原理工大学
	王东燕	山西科城能源环境创新研究院
	赵跃华	山西科城能源环境创新研究院
	程　帅	新疆金风科技股份有限公司风能研究院
	刘辰阳	新疆金风科技股份有限公司风能研究院
	李亚飞	新疆金风科技股份有限公司风能研究院
第5章	张　哲	生态环境部环境规划院碳达峰碳中和研究中心
	吕　晨	生态环境部环境规划院碳达峰碳中和研究中心
	曹丽斌	生态环境部环境规划院碳达峰碳中和研究中心
	庞凌云	生态环境部环境规划院碳达峰碳中和研究中心
	赵跃华	山西科城能源环境创新研究院
	何　泓	山西科城能源环境创新研究院
	毛慧琴	生态环境部卫星环境应用中心
第6章	朱淑瑛	生态环境部环境规划院碳达峰碳中和研究中心
	张　哲	生态环境部环境规划院碳达峰碳中和研究中心
	蔡博峰	生态环境部环境规划院碳达峰碳中和研究中心
	雷　宇	生态环境部环境规划院碳达峰碳中和研究中心

第7章	王慧丽 张　哲	生态环境部环境规划院碳达峰碳中和研究中心 生态环境部环境规划院碳达峰碳中和研究中心
第8章	张　立 蔡博峰 王慧丽 雷　宇	江苏大学 生态环境部环境规划院碳达峰碳中和研究中心 生态环境部环境规划院碳达峰碳中和研究中心 生态环境部环境规划院碳达峰碳中和研究中心
第9章	王慧丽 张　立 刘辰阳 李亚飞 蔡博峰 刘辰阳 王筱淳	生态环境部环境规划院碳达峰碳中和研究中心 江苏大学 新疆金风科技股份有限公司风能研究院 新疆金风科技股份有限公司风能研究院 生态环境部环境规划院碳达峰碳中和研究中心 新疆金风科技股份有限公司风能研究院 清华大学
第10章	王慧丽 张　立 张　哲 张泽宸	生态环境部环境规划院碳达峰碳中和研究中心 江苏大学 生态环境部环境规划院碳达峰碳中和研究中心 生态环境部环境规划院碳达峰碳中和研究中心
第11章	宋晓晖 雷　宇 陈潇君 蔡博峰 金　玲	生态环境部环境规划院碳达峰碳中和研究中心 生态环境部环境规划院碳达峰碳中和研究中心 生态环境部环境规划院碳达峰碳中和研究中心 生态环境部环境规划院碳达峰碳中和研究中心 生态环境部环境规划院碳达峰碳中和研究中心

目录

第 **1** 章
研究背景与意义

气候变化是当前人类共同面临的严峻挑战之一，联合国政府间气候变化专门委员会（IPCC）的数据显示，到 2030 年，即使全球仅升温 1.5℃，世界近一半的人口也将面临严峻的气候变化影响。积极应对气候变化是全球共识，是人类共同的事业。我国作为世界上最大的发展中国家将完成全球最高碳排放强度降幅，用全球历史上最短的时间实现从碳达峰到碳中和。本章对开展碳达峰碳中和路径研究的背景及意义进行了梳理和分析。

1.1　研究背景

2020 年 9 月 22 日，习近平主席在第七十五届联合国大会一般性辩论上正式宣布，中国将提高国家自主贡献力度，采取更加有力的政策和措施，二氧化碳（CO_2）排放力争于 2030 年前达到峰值，努力争取 2060 年前实现碳中和（以下简称"双碳"目标）。中国将完成碳排放强度全球最大降幅，用历史上最短的时间实现从碳达峰到碳中和，体现出负责任大国的担当和最大的雄心力度。在气候治理的世界新格局中，中国要体现出中国引领、中国贡献、中国作为、中国智慧需要付出艰苦卓绝的努力。中国实现碳达峰碳中和必将为全球实现《巴黎协定》目标注入强大动力，为进一步构建人类命运共同体、共建清洁美丽世界作出巨大贡献。为落实碳达峰碳中和目标，我国将应对气候变化作为国家战略，并纳入生态文明建设整体布局和经济社会发展全局，把系统观念贯穿碳达峰碳中和工作全过程，进一步加强顶层设计。

习近平总书记在不同场合多次对碳达峰碳中和工作作出科学指引和部署。2021 年 4 月 30 日，习近平总书记在主持中共中央政治局第二十九次集体学习时强调，实现碳达峰碳中和是我国向世界作出的庄严承诺，也是一场广泛而深刻的经济社会变革，绝不是轻轻松松就能实现的。各级党委和政府要拿出抓铁有痕、踏石留印的劲头，明确时间表、路线图、施工图，推动经济社会发展建立在资源高效利用和绿色低碳发展的基础之上。2022 年 1 月 24 日，习近平总书记在主持中共中央政治局第三十六次集体学习时强调，实现碳达峰碳中和是贯彻新发展理念、构建新发展格局、推动高质量发展的内在要求，是党中央统筹国内国际两个大局作出的重大战略决策。我们必须深入分析推进碳达峰碳中和工作面临的形势和任务，充分认识实现"双碳"目标的紧迫性和艰巨性，研究需要做好的重点工作，统一思想和认识，扎扎实实将党中央决策部署落到实处。2023 年 7 月 17 日，习近平总书记在全国生态环境保护大会上强调，要积极稳妥推进碳达峰碳中和，坚持全国统筹、节约优先、双轮驱动、内外畅通、防范风险的原则，落实好碳达峰碳中和"1+N"政策体系，构建清洁低碳安全高效的能源体系，加快构建新型电力系统，提升国家油气安全保障能力。

"1+N"政策体系为"双碳"目标的实现提供了根本遵循和行动指南。目前，我国已建立碳达峰碳中和"1+N"政策体系：2021 年 9 月 22 日中共中央、国务院印发《中共中央　国务院关于完整准确全面贯彻新发展理念做好碳达峰碳中和工作的意见》，2021 年 10 月 24 日国务院印发《2030 年前碳达峰行动方案》，这两个纲领性文件共同组成政策体系中的"1"，《工业领域碳达峰实施方案》《减污降碳协同增效实施方案》《城乡建设领域碳达峰实施方案》等一系列重点领域、重点行业实施方案构成政策体系中的"N"，"1+N"为推进碳达峰碳中和工作提供了根本遵循。同时，我国各省（区、市）均已制定了本地区的碳达峰实施方案，总体上已构建起目标明确、分工合理、措施有力、衔接有序的碳达峰碳中和政策体系。各地区作为我国实现碳达峰碳中和的主战场，正在有序推进相关工作，为如期实现"双碳"目标贡献力量。

甲烷（CH_4）等非二氧化碳温室气体控排成为近年来国际气候治理的核心议题。2021 年，美国和欧盟共同发起了"全球甲烷承诺"（global methane pledge）倡议，要求各国自愿行动，到 2030 年将人为甲烷排放量削减 30% 以上。目前，有100 多个国家加入了该倡议。在《联合国气候变化框架公约》第二十八次缔约方大会（COP28）上，美国公布了旨在削减石油和天然气行业甲烷排放的规定；欧盟及其成员国宣布投资 1.75 亿欧元以促进甲烷减排。国际上对甲烷等非二氧化碳温室气体控制的升级也要求中国采取积极应对措施，对我国甲烷等非二氧化碳控排工作给予高度关注。2023 年 11 月，我国印发了第一个甲烷排放控制顶层设计文件——《甲烷排放控制行动方案》（环气候〔2023〕67 号）；同月，中美联合发布《关于加强合作应对气候危机的阳光之乡声明》，提出两国将在各自甲烷行动计划的基础上，制定纳入双方 2035 年国家自主贡献的甲烷减排行动 / 目标。在国际形势下，我国甲烷控排工作亟须引起高度重视并采取积极行动。

1.2　对全国的意义

碳达峰碳中和是我国可持续发展、高质量发展的内在要求，是我国以绿色低碳发展之路实现现代化强国建设的重要支撑。实现碳达峰碳中和是一场广泛而深刻的经济社会系统性变革，面临前所未有的困难挑战。当前，我国经济结构还不合理，工业化、新型城镇化还在深入推进，经济发展和民生改善任务依然很重，能源消费仍将保持刚性增长。与发达国家相比，我国实现"双碳"目标要付出更加艰辛的努力。

目前，我国经济现代化、城镇化等进程远未结束，无法沿袭发达国家自然达峰和减排的模式，而是要在经济社会快速发展过程中通过政策干预实现碳达峰碳中和。此外，我国还面临着比发达国家时间更紧、降幅更大、前所未有的碳减排压力，从碳达峰到碳中和的时间仅有 30 年左右，远低于欧盟 67 年、美国 43 年的时间，而且我国的峰值水平是欧盟的 2.71 倍、美国的 2.07 倍。同时，我国又是全世界火电发电量最多且工业门类最齐全的国家，火电和工业领域的碳排放占全国碳排放总量的 80% 以上。在此背景下，我国政府仍然克服重重压力提出了"双碳"目标，希望通过"双碳"目标推动建立以绿色为价值引领和增长动力的现代化经济体系，实现经济社会高质量发展与生态环境高水平保护相协同，并与我国"2035 年基本实现社会主义现代化"和"到本世纪中叶建成富强民主文明和谐美丽的社会主义现代化强国"的经济社会发展目标相呼应。

碳达峰碳中和是加强我国生态文明建设的重要战略举措，是以应对气候变化新理念加强生态文明建设的重要手段。在新形势下，加强生态文明建设是我国秉持共建人类命运共同体理念、保护地球家园的自觉行动，实现碳达峰碳中和是着力解决资源环境约束问题、加强生态文明建设的必然选择。2021 年 4 月 30 日，习近平总书记在中共中央政治局第二十九次集体学习时指出，"十四五"时期，我国生态文明建设进入了以降碳为重点战略方向、推动减污降碳协同增效、促进经济社会发展全面绿色转型、实现生态环境质量改善由量变到质变的关键时期。把碳达峰碳中和纳入生态文明建设整体布局，彰显了党中央以应对气候变化新理念加强生态文明建设的战略定力和坚定决心。生态文明建设从过去以环境污染治理为重点转变为当前以减污降碳协同增效为总抓手，进入以碳达峰碳中和为重点战略方向的生态文明建设新阶段，其影响范围更广、影响程度更深、时间跨度更长。碳达峰碳中和是引领创新、倒逼改革、促进转型的重要途径，新阶段以能源绿色低碳发展为关键，坚持走生态优先、绿色低碳的发展道路，实现改善生态环境质量向更加注重源头预防和治理有效传导，加快构筑尊崇自然、绿色发展的生态体系，不断为应对气候变化提供中国智慧，推动我国生态文明建设实现新进步。

1.3　对山西省的意义

实现碳达峰碳中和是实现经济绿色高质量发展的内在需求，是着力解决资源环境约束问题、加强生态文明建设的必然选择。山西省作为资源型地区，碳排放总量大、碳排放强度和人均碳排放量较高，且碳排放结构问题突出，煤炭消费在一次能源消费总量中的占比超过 80%。长期以来，山西省为全国经济建设提供了大量的煤炭等能源和原材料资源，形成了以高耗能、高排放的煤焦、化工、冶金、电力四大行业为主的产业结构，在工业增加值中，重工业贡献比重达 92%，而碳排放占比突出的电力、煤炭、炼焦、化工、钢铁、建材等行业的工业增加值合计占总工业增加值的 75% 以上。山西省的煤炭、焦炭、钢铁产量位居全国前列，火电发电量位列全国第六，原煤产量全国第一，"一煤独大"的经济发展方式成为山西省重要的经济发展支柱。碳达峰碳中和是促进经济绿色低碳发展、引领创新、倒逼改革、促进转型的重要途径，在"十四五""十五五"这个山西省经济转型的关键期，成为该省实现高质量发展的重要切入点和重要抓手。在此期间，山西省应推进煤炭绿色开发利用基地、非常规天然气基地、电力外送基地、现代煤化工示范基地、煤基科技创新成果转化基地这"五大基地"建设，为能源革命和解决资源型地区经济转型提出解决方案，形成上下游一体化发展的能源产业链，在转型发展上率先蹚出一条新路来，全面提高全省能源绿色低碳水平，引领并推动整个经济社会的全面绿色转型与可持续发展，为我国"双碳"目标的如期实现提供重要支撑。

　　"山西路径"将为全国能源基地转型提供引领示范，是山西省实现"全国能源革命排头兵"、履行习近平总书记和党中央赋予山西能源革命综合改革试点重大使命的具体体现。山西省作为全国重要的能源基地，2020 年原煤产量位居全国第一，占全国总产量的 27.7%，其能源转型之路对全国实现"双碳"目标至关重要。开展能源革命综合改革试点是党中央从世界能源大势和新时代能源战略全局出发赋予山西省的国家使命，对于山西省实现从"煤老大"到"全国能源革命排头兵"的历史性跨越、发挥山西省在推进全国能源革命中的示范引领作用、促进资源型地区经济转型和高质量发展、增强能源安全保障能力、提升绿色低碳发展水平具有重大而深远的意义。碳达峰碳中和作为山西省深化能源革命综合改革试点的引领举措，将资源型地区作为推进绿色发展的攻坚战场，以低碳为导向引领能源革命综合改革试点各项任务的落实，促进经济与生态环境保护协调发展，推动资源型地区高质量发展，对于保障国家资源能源供给能力具有重要作用。山西省作为能源大省，其碳达峰碳中和路径是对全国具有示范意义的国家样板。

第 2 章
国际经验启示

2.1 国际典型化石能源重点区域碳中和战略

在国家层面开展碳达峰碳中和研究的基础上，目前成熟的碳中和战略主要由发达国家的相关地区提出，因此在经济发展水平上与山西省的实际情况存在差距。考虑到山西省以煤炭为主的产业结构特点，本章选择了波兰和德国鲁尔工业区这 2 个典型的不同级别的区域，总结其碳中和经验和战略部署，以为山西省碳中和研究提供参考。

2.1.1 波兰

波兰属于中东欧国家，是欧洲最大的煤炭生产国之一。20 世纪 80 年代末进行市场经济改革之前，煤炭几乎是波兰唯一的能源。近 30 多年来，由于高能耗工业的转型，波兰的经济规模实现了大幅增长，其碳排放下降了 1/3（图 2-1）。但是由于煤炭行业是其长期以来的经济支柱且新能源成本高昂，波兰的能源结构中煤炭占比仍近 70%，远高于欧洲其他国家。为达到欧盟 2030 年温室气体排放较 1990 年降低至少 50%、到 2050 年实现碳中和的目标，波兰颁布了一系列碳减排政策。

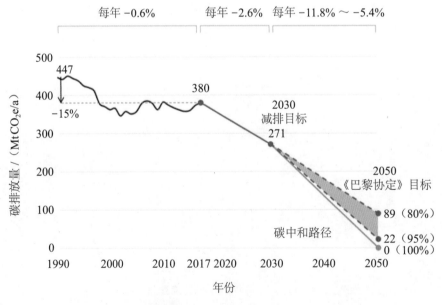

图 2-1 波兰碳排放量现状和目标（1990—2050 年）

注：MtCO$_2$e 代表百万吨二氧化碳当量。

在能源领域，2021 年波兰政府通过了《2040 年波兰能源政策》（PEP 2040），其中设立了以下目标：2030 年，可再生能源占能源最终消费量的比例至少达到

23%；2040 年，煤炭在能源结构中的占比下降到 11%，并在 2049 年之前全面停用燃煤锅炉，停止硬煤开采。为了实现这些目标，波兰大量开发太阳能和风能。2020 年，波兰的太阳能装机容量达到 2.6 GW，是 2019 年的 3 倍。风能成为波兰新能源的主力，占新能源发电总量的 65%。此外，波兰加快部署小型模块化核反应堆，增大了核能利用比例。在交通领域，波兰大力推广电动汽车，计划到 2025 年实现 100 万辆电动汽车上路的目标，以降低来自交通领域的碳排放。在住房领域，波兰对建筑进行热力化改造，包括提升外部隔板的隔热能力、更换窗户和外门、重建燃气系统、更换热源和使用地热泵、更换内部照明和实施光伏装置等，以期降低能耗、供暖热水和通风的成本及二氧化碳排放量。在商业领域，波兰政府为新能源提供了多项优惠政策，包括增值税优惠税率、补贴电价等。对于大规模公用级别的项目，波兰政府通过提供补贴电价的竞拍机制，使有资质的开发商可以通过参与竞拍获得长达 15 年的固定电价补贴，从而极大地提高了收入现金流的稳定性。

麦肯锡（McKinsey）咨询公司提出了波兰实现 2050 年碳中和的途径。电力方面，2020—2050 年燃煤发电需要减少近 95%；可再生能源发电必须加大比重，到 2050 年风能和太阳能将占总电力供应的 80% 左右；天然气需要在过渡期发挥系统平衡作用，2025—2030 年的需求量将占 20% ~ 25%。工业方面，工业部门可通过提高能源效率、推广热电化及利用碳捕集、利用与封存（CCUS）技术减排 97%。交通方面，交通运输部门用电动车代替燃油车，卡车和公共汽车可使用以氢为基础的替代品，如氢燃料电池电动汽车。建筑方面，可以通过改造建筑物提高隔热性，以减少加热和冷却的能源消耗；用低碳替代品替换目前使用的煤炭、天然气和石油锅炉和炉灶，以减少燃料排放。农业方面，相关减排措施包括实施低排放土地管理（如优化施肥和减少耕作）、改用低碳燃料（主要是氨）农用设备和减少肠道发酵（如通过优化饲料和改良育种）。

2.1.2 德国鲁尔工业区

鲁尔工业区位于德国北莱茵 - 威斯特法伦州（以下简称北威州），是世界上最大的工业区之一，自 19 世纪中期起形成了以煤钢等重型工业为主导的工业体系。然而，19 世纪 60 年代以后，鲁尔工业区传统的发展模式暴露出大量弊端，产业发展衰退，环境污染严重。为了破解原有机制的发展难题、实现可持续发展，鲁尔工业区实行了一系列有利于碳中和的政策。目前，鲁尔工业区被视为资源地区成功转型的典范，其碳中和政策与德国政府及北威州政府是分不开的。表 2-1 显示了德国政府及北威州政府的相关政策变迁。

表 2-1　德国政府和北威州政府的减排政策

时间	颁布主体	政策名称	内容
1969 年	北威州	《鲁尔工业区整治规划》	提出"以煤钢为基础，发展新兴产业，改善经济结构，拓展交通运输，消除环境污染"的转型规划
2007 年	北威州	《北莱茵 - 威斯特法伦州 2025 年区域发展规划》	在区域层面上制定了可再生能源的利用方案，要求在地理信息系统的帮助下，建成 50 个太阳能试点小区；建立生物质能发电厂，与当地的农民签订能源供应协议；开展工业生物气体循环利用，进入区域天然气管网等
2010 年	德国	《"能源方案"长期战略》	以 1990 年为基准，2020 年温室气体排放总量减少 40%，2030 年减少 55%，2040 年减少 70%，2050 年减少 80%～95%
2011 年	北威州	《气候保护启动项目》	为节能建筑改造提供低息贷款；在市政机构中新增一个公务员职位，根据当地情况为地方气候保护经理提供适宜的培训
2013 年	北威州	《北莱茵 - 威斯特法伦州气候保护法》	以 1990 年为基准，2020 年温室气体排放总量减少 25%，2050 年减少 80%
2014 年	德国	《2020 气候保护行动计划》	为了实现 2020 年温室气体排放量比 1990 年减少 40% 的目标，进一步提出能源、工业、商业、家庭、交通等领域的减排措施
2016 年	德国	《2050 气候变化行动方案》	最早在 2030 年将温室气体排放量在 1990 年的水平上减少 65%，2045 年实现碳中和，关键是到 2030 年可再生能源发电达到 80%
2020 年	德国	《德国燃煤电厂淘汰法案》和《矿区结构调整法案》	到 2038 年逐步淘汰煤炭

为了响应德国和北威州的减排目标，鲁尔工业区在能源、交通和组织结构方面实行了一系列有利于碳中和的政策。在能源方面，2016 年，鲁尔工业区提出了"利用鲁尔工业区的可再生能源潜力"的区域气候保护概念，并分别介绍了电力和热力部门应用可再生能源的潜力。对于电力部门，其发电潜力由大到小依次是屋顶光伏、开放空间光伏、风力、生物质和水力；同时，提出了拓展计划——《2025 太阳能鲁尔区》，其重点是充分利用屋顶表面的光伏潜力，具体措施包括启动名为"太阳能服务中心"的机构，为住户安装屋顶太阳能提供咨询和技术支持。对于热力部门，其通过大幅提高翻修率并在可能的情况下通过大面积供暖的广泛使用，期望实现更高比例的再生热能生产。在交通方面，鲁尔工业区引进了一项"污染徽章"制度，只有贴着环保标签的低排放汽车可以在城市中心行驶。在组织结构方面，鲁尔工业区通过设立区域经理来扩大其可再生能源。区域经理直接隶属气候保护、气候适应和空气污染控制小组，并以可再生能源发展协调中心的名义进行沟通。图 2-2 展示了 2050 年鲁尔工业区实现碳中和的可能路径。

图 2-2　2050 年鲁尔工业区剩余的二氧化碳预算

2.2　对山西省的借鉴意义

发达国家在碳达峰后仍可保持经济增长趋势，部分国家和地区的增速超过 10%。可以看到，碳达峰目标实现后，大部分国家和地区都保持了较好的经济社会发展趋势，人均 GDP 仍有 20 ～ 30 年的高增长阶段，城市化率也在不断提高。发达国家达峰时人均 GDP、城市化率、人均能耗、三产占比远超我国现在的水平，因此我国在 2030 年前实现达峰时间紧、任务重，要审慎处理经济社会发展与碳达峰工作之间的关系。山西省实现科学有序达峰将有利于能源、产业转型，促进经济社会发展，应注重能源结构、产业结构调整，降低化石能源尤其是煤炭消费占比，提升第三产业占比，将实现经济社会绿色低碳转型作为碳达峰目标的重要前提，在确保经济发展趋势不受影响的同时于 2030 年前实现省内碳排放达峰。

波兰和德国鲁尔工业区与山西省的能源结构相近，主要通过能源结构改变来实现碳排放的大幅下降，通过能源、高能耗工业的转型使经济规模实现大幅增长，从而成为资源地区成功转型的典范。发达国家的碳中和战略主要通过减排增汇和碳移除实现中和目标，通过大力发展风电、光伏、水电、核能和氢能实现能源系统碳中和，在交通、建筑等领域提升电气化比例，增加可再生能源应用场景，无法替换的部门依托 CCUS 等碳移除措施实现全社会碳中和目标。山西省具有良好的可再生资源，开发潜力大，因此要准确评估省内碳汇资源储量，进一步增强碳汇能力；科学谋划布局可再生能源发电项目，充分发掘本省可再生资源潜力，在碳中和路径上取得先机。

第 3 章

研究方法

3.1 技术路线

本书借鉴 IPCC 路径情景方法学、排放机理模型、统计学模型和 GIS 空间分析模型等方法，结合文献分析、数据挖掘和专家研讨等多种形式，基于中国 2020—2060 年二氧化碳排放路径（CAEP-CP 2.0）模型，构建山西省碳达峰碳中和路径（CAEP-CP-SX 2.0）模型，提出山西省碳达峰政策建议（图 3-1）。

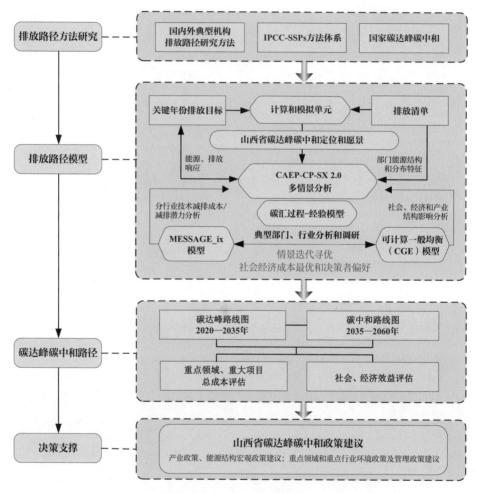

图 3-1 山西省碳达峰碳中和模式与实现路径技术路线

3.2 CAEP-CP-SX 2.0 模型

CAEP-CP-SX 2.0 模型是基于自上而下的宏观模型和自下而上的演化模型，在王金南院士团队建立的 CAEP-CP 2.0 模型的基础上，充分考虑山西省本地特色和规划愿景而建立的（图 3-2）。自上而下方法可以充分考虑社会经济发展及中国与山西省 2030 年前实现碳达峰、2060 年前实现碳中和等目标约束，同时考虑技术可达性、措施可行性等因素，通过反复迭代优化，形成基于行业 / 领域的排放路径。自下而上方法是在空间排放网格层面（1 km）以年为单位，通过特定规则和约束演化出不同阶段的排放格局。

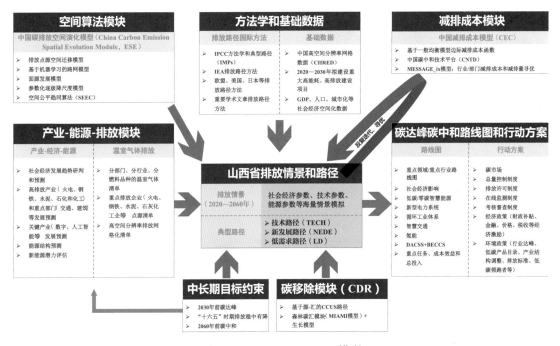

图 3-2　CAEP-CP-SX 2.0 模型

3.2.1　关键产业预测模块

关键产业预测模块（Industrial Development Model，IDM）（图 3-3）基于区域文献成果大数据，综合分析了区域产业结构特征、对外依赖、存在的问题和不足，以及未来可能的发展趋势和方向；基于区域专利和重要科研成果大数据，综合研判了区域核心技术储备和发展潜力，以及重点技术研发中心的潜在空间布局；基于全球相关产业发展趋势、中国国家和区域碳达峰碳中和约束下的产业发展宏观趋势特征，结合区域科技规划和中长期产业愿景，同时考虑区域产业关联较强省份发展特征，预判了区域新兴产业和主导产业发展趋势；基于中国国家和区域产业数字化特征及信息和通信技术（ICT）对产业发展的贡献作用，利用机器学习和人工智能（AI）算法，综合判断了新兴产业和主导产业在工业增加值中的贡献程度。

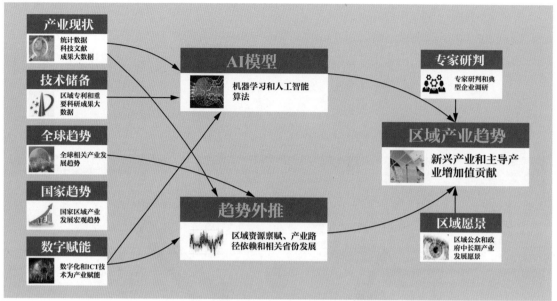

图 3-3 山西省重点产业发展趋势分析模块

注：本模块由生态环境部环境规划院碳达峰碳中和研究中心联合中国信息通信研究院泰尔系统实验室、上海交通大学环境学院共同开发。

数字经济包括数字产业化部分和产业数字化部分，将两者增加值叠加即为该区域的数字经济增加值。

数字产业化测算方法：数字产业化部分即信息通信产业，主要包括电子信息设备制造、电子信息设备销售和租赁、电子信息传输服务、计算机服务和软件业、其他信息相关服务，以及由数字技术的广泛融合渗透所带来的新兴行业，如云计算、物联网、大数据、互联网金融等。其增加值计算方法是按照国民经济统计体系中各个行业的增加值进行直接加总。

产业数字化测算方法：传统产业中数字经济部分的计算思路就是把不同传统产业产出中数字技术的贡献部分剥离出来，对各个传统行业的此部分加总得到传统产业中的数字经济总量。此部分计算采用增长核算账户框架（KLEMS），根据投入产出表中国民经济行业分类，分别计算 ICT 资本存量、非 ICT 资本存量、劳动及中间投入。定义每个行业的总产出可以用于最终需求和中间需求，GDP 是所有行业最终需求的总和。对于模型的解释，其核心在于增长核算账户模型（计算各要素对增长的贡献）和分行业 ICT 资本存量测算。

3.2.2 能源中长期模块

LEAP-SX 模块是基于长期能源替代规划系统（Long-range Energy Alternatives

Planning System，LEAP）模型构建的山西省 2020—2060 年社会、经济、能源情景分析模型。LEAP 模型是由斯德哥尔摩环境研究院开发的基于情景模拟的能源 - 环境分析工具，可以根据研究问题的自身特点和数据的可获得性灵活设定模型结构、数据形式及预测方法，适用于中长期能源规划，同时具有详细的环境数据库，因而被广泛应用于全球、国家及区域尺度的能源战略规划和温室气体减排评价研究。LEAP-SX 模块采用自下而上方法分析能源从开发到使用的过程，主要包括终端能源需求量、能源加工转换、能源消费总量 3 个部分（图 3-4）。终端能源需求量是根据山西省各地区、各行业的能源使用及预测情况建立合理的数据结构，并利用统计数据计算能源消耗及碳排放量的情况；能源加工转换是从一次能源出发模拟其转化过程，如在火力发电中煤炭和天然气的转换及在发电过程中的能源损失；能源消费总量是从成本的角度对不同的能源方案进行模拟计算。同时，该模块可结合情景分析的方法，设置不同的发展情景，分析未来山西省的能源消耗及碳排放情况。LEAP-SX 模块中的情景分析主要分三步：第一步在模块中计算 2020 年山西省的能源消耗，结合现状分析当前的能源使用情况及环境压力；第二步在 2020 年的基础上，结合技术、政策、发展目标等因素在 LEAP 模型中设置不同的情景，并确定不同情景下的相应参数；第三步根据不同要求对不同情境下的结果进行对比分析，选择合适的情景并制定相应的措施和方案。

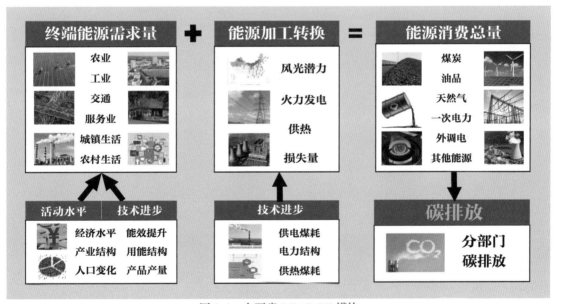

图 3-4　山西省 LEAP-SX 模块

3.2.3 高空间分辨率排放网格化清单模块

1. 排放核算

该模块参考 IPCC 发布的《2006 IPCC 国家温室气体清单指南》和《IPCC 2006 年国家温室气体清单指南　2019 年修订版》，同时以《中国 2005 年温室气体清单研究》（2014 年）、《中国 2008 年温室气体清单研究》（2014 年）、《省级温室气体清单编制指南（试行）》（2011 年）和《省级二氧化碳排放达峰行动方案编制指南》（2021 年）为基础，充分借鉴国家发展改革委发布的 24 个行业企业温室气体排放核算方法和报告指南、国家标准委员会通过的 12 个行业企业温室气体排放核算方法和报告指南、生态环境部发布的《企业温室气体排放核算方法与报告指南 发电设施（2021 年修订版）》进行重点行业/领域排放核算。核算边界充分考虑重点行业/领域特点，包括能源燃烧排放、工业过程排放和净购入电力导致的间接排放。

基于分部门/行业、分燃料品种的燃料消费量等活动水平数据，结合相应的排放因子参数，综合计算得到总排放量。首先，确定清单采用的技术分类，基于山西省能源平衡表、实际调研等方法，确定分部门/行业煤、煤矸石、油、天然气、焦炭、液化石油气等不同类型化石燃料的消耗量；其次，确定各类化石燃料相应的二氧化碳排放因子，或实测不同类型燃料的低位发热量、含碳量、碳氧化率；最后，用分部门/行业、分燃料品种的化石燃料消耗量乘以排放因子核算出各部门/行业能源活动二氧化碳排放量，编制排放清单。

工业过程二氧化碳排放是工业生产中其他化学反应过程或物理变化过程的温室气体排放。工业过程温室气体排放清单的核算范围主要包括水泥、石灰、钢铁和电石生产过程的二氧化碳排放。水泥生产过程中的二氧化碳排放来自熟料的生产过程。熟料是水泥生产的中间产品，它是由水泥生料经高温煅烧发生物理化学变化后形成的，在煅烧过程中，生料中的碳酸钙和碳酸镁会分解排放出二氧化碳。石灰生产过程的二氧化碳排放源于石灰石中的碳酸钙和碳酸镁的热分解。钢铁生产过程的二氧化碳排放主要来自炼铁熔剂高温分解和炼钢降碳过程，石灰石和白云石等熔剂中的碳酸钙和碳酸镁在高温下会发生分解反应，并排放出二氧化碳。炼钢降碳是指在高温下用氧化剂把生铁里过多的碳和其他杂质氧化成二氧化碳排放或生成炉渣除去。由于电石生产要求石灰的活性比较高，多数电石生产厂都自己生产石灰。因此，电石的生产工艺一般包括两个环节，即以石灰石为原料经过煅烧生产石灰、以石灰和碳素原料（如焦炭、无烟煤、石油焦等）为原料生产电石。电石生产过程中的二氧化碳排放只报告第二环节的排放量。

数据质控：采用蒙特卡罗法（Monte Carlo simulation）分析核算过程中因每个

环节的不确定性导致最终结果的累积不确定性，将分部门 / 重点行业的排放量计算结果的不确定性控制在 10% 以内。

2. 空间化

空间化方法参考《碳监测评估试点城市高空间分辨率温室气体排放清单编制技术指南（试行）》（2022 年），借鉴国际主流的自下而上空间化方法，利用研究团队自身建立的空间化模型（研究方法和成果已在 *Environmental Science & Technology*、*Applied Energy*、*Global Environmental Change*、*Energy Policy* 等 TOP 期刊上发表），结合山西省的实际情况和数据特点，建立山西省高空间分辨率排放网格化清单模块（1 km）（图 3-5）。

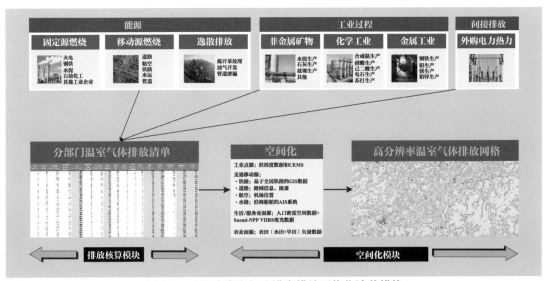

图 3-5　山西省高空间分辨率排放网格化清单模块

工业点源（自下而上空间化方法）：整理、核对和分析山西省工业企业基本数据（主要产品、原辅材料及各类能源消费量）及排放源二氧化碳排放数据（包括能源燃烧和工业过程排放），根据其经纬度数据和地址建立企业排放点源 GIS 数据，结合企业填报的市和县等行政区域归属信息，分析、对比和验证其空间数据的精确度和准确度。点源数据的空间位置精度采用双重控制，即排放源经纬度数据和基于 API Geocoding 技术的空间坐标与地址匹配验证。

交通线源（自下而上和自上而下相结合的空间化方法）：道路交通基于分等级道路路网、逐日城市道路车速和拥堵指数等建立 Greenshields 空间化模型；铁路排放利用周转量、化石能源消费量及排放信息，基于全国铁路 GIS 数据完成空间化；

航空基于每日每个机场航班和排放完成空间化；沿海水运和内河水运基于沿海船舶的自动识别系统（Automatic Identification System，AIS）数据逐一计算每只船舶的二氧化碳排放。AIS 系统可以实时获取船舶的船速、航行时间、地理位置、船舶主机功率、辅机功率等数据。

城镇生活、农村生活和服务业面源（自下而上和自上而下相结合的空间化方法）：基于城镇建设用地、农村居民点高空间分辨率矢量数据（30 m），利用人口密度空间化数据和 Suomi-NPP VIIRS 夜光数据（逐日、500 m 分辨率）建立空间化模型。

农业面源（自下而上和自上而下相结合的空间化方法）：基于农田（水田 + 旱田）高空间分辨率矢量数据（30 m），结合农业能源和排放数据完成空间化。

3.2.4　宏微观多维 - 碳中和 -CGE 模块

宏微观多维 - 碳中和 -CGE（M3C-CGE）模块基于可计算一般均衡（CGE）模型构建。CGE 模型是能够同时考虑不同经济主体及不同市场之间相互联系的多部门、多区域动态模型，运用大量数学方程刻画不同经济主体（企业、居民、政府、投资者、进出口商等）的生产、消费、投资、进出口等行为，在居民效用最大化、企业利润最大化、成本最小化、资源与预算约束的情况下，得出市场均衡时生产要素或其他商品的供给与需求，从而得到均衡价格。该模型能够描述经济系统中的生产、分配、供给和需求等活动，基于市场价格变化和经济各主体之间的相互影响，全面刻画经济发展、能源需求、产业结构和温室气体排放之间的关系。CGE 模型不仅能紧密联系国民经济中的各个组成部分，还能在市场机制及政策约束下引导各个经济主体的活动，因此被广泛地应用于政策效果评价和经济影响分析。生态环境部环境规划院联合中国科学院预测科学研究中心和中国科学院大学经济管理学院，基于 CGE 模型，综合考虑环境、经济、社会多个系统之间的相互联系，涵盖环境、能源类账户，分析不同区域不同经济主体之间的交互与反馈，得到"双碳"目标背景下不同减排情景对经济、社会、环境等方面的影响（图 3-6）。

该模块以 2020 年山西省投入产出表为社会经济基础数据，结合 2020 年山西省能源平衡表、省统计年鉴、省碳排放等数据形成基准年数据，涵盖 40 个部门，包括生产模块、国内外贸易市场模块、政府和居民的收支模块及碳排放模块，以 1 年为步长动态地模拟了不同碳排放约束情景下，2020—2060 年该省产业经济态势、产业结构变化、能源消费及碳排放量的变化，以探索"双碳"减排政策下未来山西省的最优达标路径。

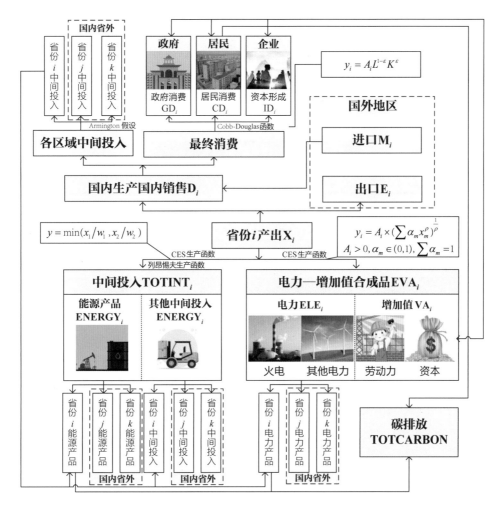

图 3-6 山西省宏微观多维 - 碳中和 -CGE（M3C-CGE）模块

注：本模块由生态环境部环境规划院碳达峰碳中和研究中心联合中国科学院预测科学研究中心和中国科学院大学经济管理学院共同开发。

3.2.5 新能源潜力评估模块

该模块基于 GIS 空间分析平台，结合"风匠"风光资源开发平台，基于高分辨率风光资源图谱 [风资源图谱（100 m 高度）、地表总辐射、光伏发电潜力等效小时数据]，结合限制因素数据库（生态红线、水域、居民区、机场跑道等）、地形参数库（高程数据 SRTM、坡度、坡向）、地貌、设备数据库、区域特性参数等，通过 GIS 空间分析、最优设备选型、运营期发电量评估等评估算法，评估区域风电、光伏可开发区域，并结合区域内地形、资源特性选取适配的设备，最终得到区域内的风电光伏理论可开发容量及发电小时数（图 3-7）。最优发电设备根据潜在的可供可再生资源开发的区域内资源特征匹配，特别是对于风电开发，风电机组叶轮扫风面积、发电机功率、塔筒高度等决定了风能转化效率。结合 80 ~ 140 m 高度风资源禀赋情况以实现度电成本最低。风资源数据来自由风电行业长期历史实际测风数据订正的高分辨率风资源图谱，机组信息来自行业主流机型技术参数数据库及对未来技术发展的预估。

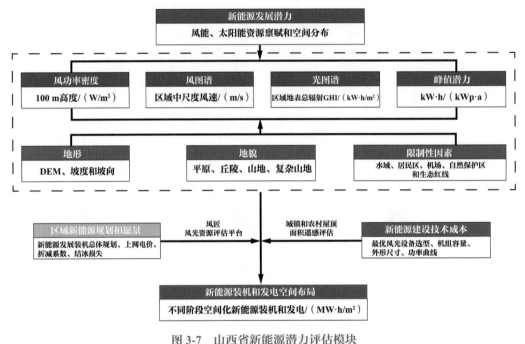

图 3-7　山西省新能源潜力评估模块

注：本模块由金风科技风能研究院和生态环境部环境规划院碳达峰碳中和研究中心联合开发。

　　为了精准评估山西省城镇建筑和农村建筑的太阳能利用潜力，该模块基于遥感数据和面向对象遥感解译分类技术，分析了山西省城镇建筑和农村建筑的屋顶面积。面向对象分类技术是一种新的遥感影像分类技术，与传统的分类方法相比，其面向对象分类针对的是影像对象而不是单个像素。遥感影像包含许多可用于分类的特征，如光谱、形状、大小、结构、纹理、空间关系等信息。以往单纯基于光谱特征分类的算法，如支持向量机、随机森林、神经网络等难以利用影像的纹理、空间关系、大小、形状结构等信息。面向对象分类技术集合邻近像元为对象用来识别感兴趣的光谱要素，充分利用高分辨率的全色，多光谱数据的空间、纹理和光谱信息分割、分类的特点，以高精度的分类结果或者矢量输出。因此，面向对象方法在具有明确形态信息物体的识别方面存在优势，可显著提高识别精度。本研究使用 ENVI FX 进行分类操作，具体可分为发现对象（find object）和特征提取（extract features）两个部分，即影像对象构建和对象分类。

3.2.6　减排技术评估模块

减排技术评估模块主要基于 MESSAGE-SX 边际减排成本（marginal abatement cost，MAC）分析模型，利用研究团队开发的中国碳中和技术平台（http://cntd. cityghg.com/）开展综合分析（图 3-8）。

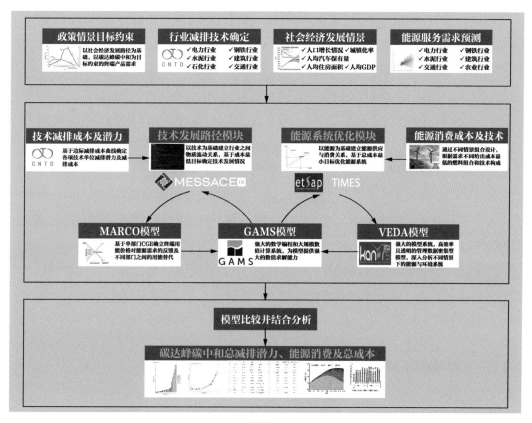

图 3-8　减排技术评估模块

注：本模块由生态环境部环境规划院碳达峰碳中和研究中心联合北京航空航天大学经济管理学院共同开发。

MESSAGE 模型是由奥地利国际应用系统分析研究所（IIASA）开发建立的基于过程的能源 - 环境 - 经济综合分析模型。该模型以 ixmp 框架为依据，在详细展示能源和土地利用系统中各类技术工程、社会经济和生物物理过程等环节信息的基础上，通过线性整数优化模型，在成本最低目标函数的约束下，实现在特定节点（如国家、地区）和商品能源需求条件下对相应技术装机水平、活动水平、成本等方面的分析。该模型以强大的数学编程和大规模数值计算软件系统——GAMS 模型为支撑，为大规模数值求解提供保障。同时，通过耦合单部门 CGE 模型——MACRO 模型，进一步分析终端用能价格对能源需求的反馈及不同部门之间的用能替代，并估计能源或气候政策的整体经济后果。经过近 40 年的发展和完善，MESSAGE 模型已广泛应用于各类能源供应需求分析中，并已成为全球能源 - 环境 - 经济系统分析中的重要工具之一。边际减排成本是指每额外减少一个单位的碳排放量所产生的投入增加，由此建立的碳减排与成本之间的函数关系曲线即边际减排成本曲线（MACC）。其中，基于经济 - 能源型的 MACC 以部分或一般均衡模型为基础，通过模型分析明确减排潜力与减排成本之间的函数关系，并通过积分的方式进一步确定减排潜力与减排总成本之间的关系。目前，MACC 已成为评估气候变化政策效果、确定最优减排路径的标准性工具。

中国碳中和技术平台由生态环境部环境规划院碳达峰碳中和研究中心联合清华大学、北京师范大学、北京航空航天大学、山西大学、郑州大学、IIASA 等多家单位、高校共同组织建设，其构建涉及各个行业 / 部门的低碳减排数据库及成本核算平台，为各行业 / 部门推进低碳减排措施、促进低碳减排领域研究提供支撑。该平台主要包括技术数据库和成本分析两个模块，其中数据库模块包含各行业 / 部门的低碳减排技术及其成本、减排参数，成本分析模块则基于数据库中的各类技术参数实现了对特定减排路径下的成本分析。

本研究针对山西省实际情况，开发建立了 MESSAGE-SX 边际减排成本分析模型，聚焦山西省发展现状和未来发展规划，为分析山西省各行业碳达峰碳中和路径及不同路径下省内各行业边际减排成本及总成本提供了重要支撑。

3.2.7　森林碳汇模块

森林是重要的陆地生态系统碳库，全球森林在未来一段时间还将有着巨大的碳汇增长潜力，能抵消大量的人为碳排放，森林固碳被视为减缓气候变化影响和实现碳中和的重要途径。准确量化森林碳汇、实施区域碳汇管理已成为地球系统科学领域的研究热点。准确评估区域森林生物量、碳储量现状及变化，并预测其固碳潜力，已成为当前国际上科学界的热点问题，也是实现我国"双碳"目标的重要基础性工作。

森林生物量是估测森林植被碳储量的关键因素。估算相关生物量的研究方法主要包括三类：第一类是在测定胸径和树高的参数并解析材积源 - 生物量之间关系的基础上（材积源 - 生物量法）进行估算，该方法可以应用于不同尺度，包括样地、林分、区域尺度；第二类在国家温室气体清单报告中森林植被碳储量是基于土地利用变化，再转化至材积源 - 生物量法，进行估算森林生态系统的碳储量，这种方法主要应用于区域或更大的尺度，通过土地利用变化估算碳储量变化，但会受到面积统计数据的影响；第三类基于遥感和雷达技术的应用，将激光雷达扫描三维图的技术应用于对地上生物量的估测，欧洲采用激光雷达获得世界森林地上生物量的三维结构图，我国专家采用地面激光扫描数据和解析树重构点云数据估算地上生物量，这种方法获得的数据需要与野外样地调查的数据相结合并进行校正。此外，对森林土壤的碳估算存在很大的不确定性。由于一般森林管理活动对土壤的扰动性不大，在此前提下，在估算土壤碳汇且数据不足的情况下可以保守忽略不计，但在出现土地利用变化时是需要考虑的。考虑到我国的森林资源数据情况，第一类方法通过获取森林植被的胸径和树高数据开展研究，且国内省、市、县等都有相关的二调数据，结合模型即可估算，因此更利于推广应用。所以在开发模型方面可以基于各区域的优势树种立木胸径（D）和树高（H）等测树因子构建生长模型，利用生物量扩展因子估算生物量，再利用现成的树种含碳量数据得到碳储量，更利于不同尺度森林植被的碳储量估算。现在的模型普遍采用 $W = a(D2H)b$ 模型，可以考虑整理汇编模型及其参数。山西省森林碳汇评估模块如图 3-9 所示。

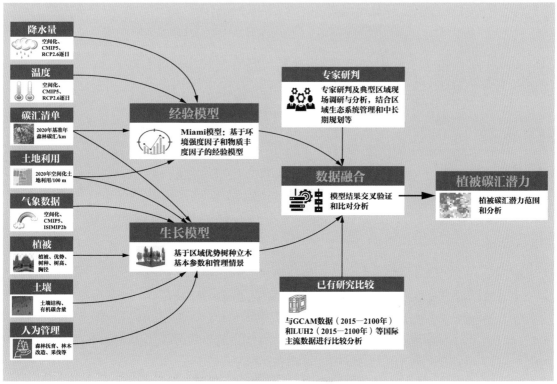

图 3-9　山西省森林碳汇评估模块

注：本模块由生态环境部环境规划院碳达峰碳中和研究中心与中国林业科学研究院林业研究所共同开发。

　　本研究基于 IPCC 发布的《2006 IPCC 国家温室气体清单指南》和《IPCC 2006 年国家温室气体清单指南　2019 修订版》的方法和规则，以《中国 2005 年温室气体清单研究》（2014 年）、《中国 2008 年温室气体清单研究》（2014 年）和《省级温室气体清单编制指南（试行）》（2011 年）方法学为基础，充分考虑我国森林管理情况，基于 GIS 空间分析平台，建立经验模型和生长模型耦合的综合模型——森林碳汇评估（ForestC）模块，充分结合 Miami 经验模型和生长模型。Miami 模型考虑未来的气候变化等，通过气候要素与净初级生产力（NPP）建立关系来对 NPP 进行估算，以 IPCC 建立的未来不同排放路径下的空间化气候情景数据（CMIP5 气候数据）为基础，重点考虑将降水量和温度作为 Miami 模型的主要气候因子。生长模型考虑区域森林面积、森林龄组结构、优势树种等因素。ForestC 模型耦合了经验模型和生长模型的模拟结果并进行了交叉验证，充分考虑国家林草局和权威专家制定的中国 2020—2060 年森林管理的战略规划和管理政策，最终确定了山西省 2020—2060 年森林碳汇评估和变化特征。

第 4 章

山西省社会经济发展和
能源利用现状

4.1 社会经济现状

山西省经济总量逐年增加，但地区生产总值增速波动较大（图 4-1）。"十一五"期间，山西省地区生产总值增速相对较快，2010 年超过全国平均增速；"十二五"期间，山西省地区生产总值增速大幅下降，从 2011 年的 13% 降至 2015 年的 3.1%，下降了 10 个百分点；"十三五"期间，山西省地区生产总值增速与全国基本持平，较"十二五"增速略有增加，但受新冠疫情影响，2020 年地区生产总值增速降幅较大，较上年下降近 3 个百分点，但仍高于全国平均水平。

图 4-1 2005—2020 年山西省地区生产总值及增速变化情况

山西省的经济发展在全国处于较为落后的位置。2020 年，山西省地区生产总值为 17 652 亿元，在全国排名第 21 位，与同为煤炭产量大省的其他省（区）相比，山西省落后于河南省（排名第 5 位）、陕西省（排名第 14 位）、贵州省（排名第 20 位），高于内蒙古自治区（排名第 22 位）和新疆维吾尔自治区（排名第 24 位）。2020 年，山西省人均地区生产总值为 5.05 万元，按从高到低的顺序在全国排名第 26 位，落后于陕西省、内蒙古自治区、新疆维吾尔自治区。

山西省城镇化率低于全国平均水平。近年来，山西省城镇化率大幅提升，从 2010 年的 48.05% 升至 2020 年的 62.53%，但仍低于全国平均水平（63.89%），在全国排名第 15 位。受地形地貌约束、人口总规模较少、矿城数量众多等因素影响，山西省大城市数量偏少，城镇人口达百万人以上的城市只有太原和大同，大城市辐射带动作用不强，山西省有近一半的城市为资源型城市，布局分散制约了城镇化发展。根据山西省统计年鉴数据，2005—2010 年，山西省常住人口逐年增加，

2010 年为近年来人口最多（3 574 万人）的一年，较 2005 年累计增加 6.5%，年均增速为 1.2%。此后常住人口呈现下降趋势，从 2010 年的 3 574 万人降至 2020 年的 3 490 万人，累计下降 2.3%，"十二五"期间年均降幅为 0.3%，"十三五"期间降幅趋缓，年均降幅为 0.16%。

4.2 产业发展现状

2005—2020 年，山西省产业结构不断优化（图 4-2）：第二产业占比不断降低，从 2010 年的 60.1% 降至 2020 年的 43.5%；第三产业占比从 2010 年的 34.2% 提升到 2020 年的 51.2%。但总体看来，目前山西省第二产业占比依然较高。2020 年，山西省第一产业、第二产业、第三产业占比为 5.4：43.5：51.2，第二产业占比在同类型省份中最高，高于全国 5.7 个百分点。长期以来，山西省为全国经济建设提供了大量煤炭等能源和原材料资源，形成了以高耗能、高排放的煤焦、化工、冶金、电力四大行业为主的产业结构，工业增加值中重工业贡献占比达 92%，而碳排放占比突出的电力、煤炭、炼焦、化工、钢铁、建材等行业的工业增加值合计占总工业增加值的 75% 以上。

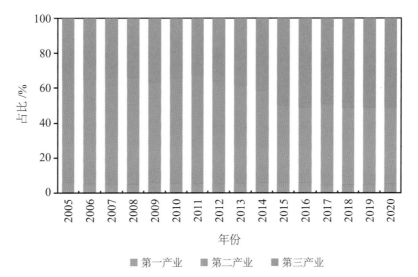

图 4-2　2005—2020 年山西省三次产业结构变化情况

2020 年，山西省以旅游、数字经济为代表的服务业成为经济发展的重要支柱，第二产业也是重要的经济贡献。从工业行业经济指标分析，山西省工业企业主要集中于重化工业，轻工业分布较少，表现出省内制造业发展结构的不平衡性。其中，企业数量较多、规模较大的工业行业有煤炭开采和洗选，石油加工、炼焦和核燃料加工业，黑色金属冶炼及压延加工业，电力、热力生产和供应业，这 4 个行业合计占工业营业收入的 68%，从利润总额看其占比为 77%。这 4 个行业都与煤炭产业关联密切，说明山西省经济发展对资源依然存在严重依赖。

4.2.1　传统支柱产业发展

1. 煤炭开采

山西省作为重要的能源保供基地，其煤炭产量位居全国第一。2020 年，山西省煤炭产量为 10.63 亿 t，同比增加 8.2%，占全国煤炭产量（38.4 亿 t）的 27.7%，用于外调的煤炭占 60%。山西省严格落实国家和本省的一系列煤炭保供措施，全省煤炭经济保持平稳发展态势，为国家和本省经济社会发展发挥了支撑作用。今后一个时期，煤炭作为我国能源"压舱石"的主体地位不会改变，煤炭增产保供仍将是山西省煤炭行业发展的核心内容。山西省煤炭开采和洗选行业主要的能源消费为煤炭，其次为电力，从 2015 年以来的趋势看，煤炭消费逐年下降，电力消费逐步上升。2020 年，山西省瓦斯抽采量为 64.03 亿 m^3，利用量为 28.94 亿 m^3，利用率为 45%。

2. 焦化行业

山西省是我国最大的焦炭生产基地，焦炭产量、外调量和出口量均位居全国第一。2020 年，山西省焦炭产量超过 1 亿 t，占全国焦炭产量的 22.3%，居全国首位。山西省焦化行业是全省传统支柱产业，是消纳省内煤炭资源最主要的行业之一。山西省建设国家绿色焦化产业基地，是煤炭资源分质分级利用的重要实践和探索。山西省焦化产业正处于转型与发展的关键时期，正在由"以焦为主"向"以化领焦"转变。焦化企业分布在 9 个产焦市共 42 个县，形成了孝义、清徐、介休、河津、潞城等焦化集聚区。太原、长治、晋中、运城、临汾、吕梁 6 个城市的焦炭产量超过 1 000 万 t，其中吕梁市的产量最大。山西省焦炭产品的 70% 以上外销天津、河北、山东、河南、江苏等重点产钢省（市），同时辐射东北、西南省份，焦炭出口量占全国的 50% 以上，是全国乃至全球最大的焦炭供应基地。

3. 煤化工行业

山西省煤化工行业的主要产品有尿素、聚氯乙烯、炭黑、甲醇、煤制油品（含化学品）、乙二醇和己内酰胺，其产能分别为 1 000 万 t、130 万 t、150 万 t、660 万 t、176 万 t、90 万 t（其中焦炉煤气制乙二醇占 33%）和 44 万 t，其中精甲醇、聚氯乙烯 2020 年的产量较 2015 年分别提高了 46%、56%，煤制油和煤制乙二醇等现代煤化工项目均在"十三五"期间投产，煤制气已布局中国海洋石油总公司山西大同低变质烟煤清洁利用示范项目，煤化工产业体系不断完善。山西省煤化工产业依托资源、能源、区位和技术等优势，逐渐显现出向大型企业和资源集中地发展的趋势，形成了各有特色的化肥、碳基新材料、炼焦化产品深加工、低阶煤分质分级利用产业集群等。但是，山西省煤化工行业的发展仍面临布局不适应新形势、集约化程度不高、结构性生产过剩、初级产品占比过大、煤炭质量和煤炭价格比较优势不足等问题。

4. 火电行业

2020 年，山西省电力装机容量为 1.04 亿 kW，其中火电装机容量为 6 878 万 kW，占总装机容量的 66%，火电机组装机容量位居全国第六。从装机容量来看，山西省 30 万 kW 以下的火电机组占比达 20% 以上，火电利用小时数在低位徘徊，远低于内蒙古自治区和江苏省。随着风电、光伏等新能源的发展，山西省电源结构发生了一定好转，煤电装机占比由 2015 年的 80% 降至 2020 年的 61%，但在煤电装机中清洁高效大容量机组占比相对较低，尚未有 100 万 kW 级机组投产。全省 6 000 kW 及以上电厂供电煤耗约为 315.7 g/（kW·h），高于全国平均水平 [304.9 g/（kW·h）]，非化石能源占一次能源消费的比重不足 7%，电力绿色低碳发展任务仍十分繁重。当前，以煤电为主的装机结构还将维持较长时间，煤电还需继续发挥电力支撑和安全保障作用。

5. 钢铁行业

2020 年，山西省粗钢产量为 6 638 万 t，位居全国第六。山西省生产的钢材 70% 以上销往省外，钢铁产业在推进本省国民经济发展的同时，也为周边省份的经济发展提供了支撑。山西省的涉钢城市有 9 个，粗钢产能达到 1 000 万 t 以上的城市有 6 个。山西省的钢铁以长流程为主，短流程电炉炼钢比例较低，吨钢综合能耗高于全国平均水平；虽然钢铁产能逐年下降，但钢铁产量却逐年增长，导致钢铁行业能源消费总量、碳排放总量没有明显的下降趋势；钢铁企业整体布局分散，且规模集中地区（如太原、临汾、运城等城市）多属于环境敏感地区；钢铁企业装备平均水平仍相对偏低，省内企业有效容积 400 m³ 以上、1 200 m³ 以下的炼钢用生铁高炉，公称容量 30 t 以上、100 t 以下的炼钢转炉等限制类装备相对较多，钢铁工业冶炼装备大型化、现代化的水平落后于全国平均水平。

4.2.2　新兴产业发展

山西省重点发展的战略性新兴产业有 14 个，包括信息技术应用创新产业、半导体产业、大数据融合创新产业、光电产业、光伏产业、碳基新材料产业、特种金属材料产业、生物基新材料产业、先进轨道交通装备产业、煤机智能制造装备产业、智能网联新能源汽车产业、通用航空产业、现代生物医药和大健康产业、节能环保产业。"十三五"时期以来，战略性新兴产业发展迅速，其中工业战略性新兴产业增加值年均增长 7.8%，高于规模以上工业 3.2 个百分点。但从战略性新兴产业产值占比来看，其增加值占工业的比重仅为 10%，位于中部六省末位，尚不能由经济"支撑"向经济"支柱"转变。

1. 新材料产业

按照《战略性新兴产业分类（2018）》（国家统计局令　第 23 号），山西省新材料产业涉及 36 个大类 79 种小类，拥有规模以上企业 150 家，2019 年实现营业收入共计 1 295.9 亿元，产业发展初具规模，部分行业领域居全国甚至全球领先地位。全省不锈钢产量约占全国的 15%，位居全国前列；原镁产量占全国的 14%，镁合金产能约为 22 万 t，占全国的 18.31%，位居全国第二。第三代半导体碳化硅单晶衬底材料年销售 3 万余片，国内市场占有率第一；钕铁硼永磁材料产能约 2 万 t，国内市场占有率达到 15% 以上。超细煅烧高岭土总产能为 94 万 t，实际产量占国内总产量的 17% 左右。山西省初步形成了一批有一定产业基础和特色优势的新材料产业基地，整体呈现集群式发展的态势。在先进金属材料领域，山西省形成了以吕梁、运城为核心的铝镁合金材料基地，但新材料产业整体实力与发达省份相比还有明显差距，产业技术水平亟待升级，高端供给能力亟须增强，产业链条配套尚需完善，创新能力有待提高。山西省新材料营业收入只占全国的 1.35%，其中碳基新材料产业点多面小，尚属点状突破、加速成长阶段；生物基新材料产业刚刚起步，企业数量较少，部分大型项目尚未投产，产业整体处于培育发展阶段。

2. 新装备制造

山西省装备制造业是继煤炭、冶金、电力之后的第四大支柱产业。"十三五"期间，山西省装备制造业的营业收入由"十二五"时期末的 1 479.4 亿元增至 2020 年的 2 695.9 亿元，年均增长 12.75%；利润由 60.9 亿元增至 96.4 亿元，年均增长 9.62%，规模以上装备制造企业数量由 566 家增至 944 家。在轨道交通装备、煤机与煤化工装备、汽车与新能源汽车、通用航空制造、重型机械、电子信息装备等领域都形成了具有代表性的优势企业和技术产品。但总体来看，新装备发展仍存在产业结构失衡、市场主体单一、集群效应不明显、创新能力薄弱、质量效益不高等突出问题。新装备产业与传统装备相比规模仍然较小、发展速度较慢。截至 2020 年年底，山西省装备制造业营业收入仅约占全省规模以上工业营业收入的 13%，远低于全国平均水平，"一煤独大"的产业格局尚未彻底改变。高端新装备产品局限于智能煤机、轨道交通等产业细分领域，缺乏支撑航空航天、核电等国家重大工程的关键重大技术装备产品；工业机器人、通用航空装备、节能环保装备、新能源装备等产业仍处于起步培育阶段；装备制造整体虽涌现出部分龙头骨干企业，但其他企业普遍规模不大、技术水平不高、同质化竞争严重，尚未成为新装备转型发展的中坚力量。

3. 数字经济

2020 年，山西省数字经济增加值为 5 340 亿元，占地区生产总值的比重达 25%。从图 4-3 中可以看出，山西省的数字经济发展在全国处于中等偏下水平。山西省的数字经济排放量占比仅为 1.82%，却贡献了 25% 的增加值。数字经济包括数字产业化部分和产业数字化部分：数字产业化部分即信息通信产业，主要包括电子信息设备制造、电子信息设备销售和租赁、电子信息传输服务、计算机服务和软件业、其他信息相关服务；产业数字化部分指不同传统产业产出中数字技术的贡献部分，如电子商务、平台经济、共享经济、工业互联网、智能制造等工业数字化。2020 年，山西省数字产业化部分的增加值为 390 亿元，在地区生产总值中的占比为 2%；产业数字化部分的增加值为 4 950 亿元，在地区生产总值中的占比为 23%。产业数字化部分的增加值主要来自服务业数字化（包括金融、互联网、软件等）及批发和零售业，其贡献了近一半的增加值；其次是工业数字化，其贡献了超过 1/3 的增加值。但从工业行业内部来看，数字经济对其影响较大，如在化工原料及化学制品制造业、黑色金属冶炼及压延加工业中，数字经济分别贡献了这两个行业 39% 和 38% 的增加值。

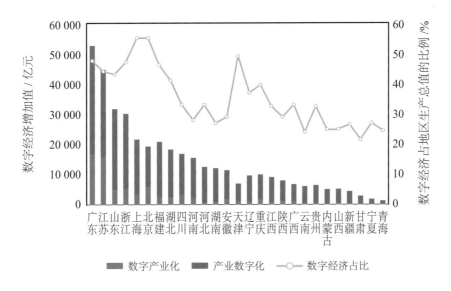

图 4-3　部分省（区、市）2020 年数字经济增加值及在地区生产总值中的占比

数字技术可以为社会经济的绿色发展提供网格化、数字化和智能化的技术手段，实现产业转型升级和结构优化，提高政府监管和社会服务的现代化水平，促进绿色生产和生活方式的形成，促进社会整体能源消费的减少。然而，数字经济产业的整体能源消耗增长得非常快，2020 年，ICT 行业的碳排放量占全球的 2.3%。目前，山西省数字经济的碳排放量约为 102 万 t，占全国数字经济总排放量的 0.74%。从单位增加值碳排放来看，山西省的数字经济要优于全国水平。

4.3 能源发展现状

4.3.1 能源消费变化

山西省能源消费总量呈增长趋势，占全国的比重有所下降（图 4-4）。2010—2013 年，能源消费总量稳步增长，占比逐年提高；2014—2015 年，受煤价影响全省经济断崖式下跌，能源消费总量、占比同步下降；2016 年之后，随着经济复苏，能源消费总量开始增长，占比稳中有降。2020 年，山西省能源消费总量为20 980.55 万 t 标准煤，比 2010 年增长了 24.82%；山西省能源消费总量占全国的比重由 2010 年的 4.66% 降至 4.21%。

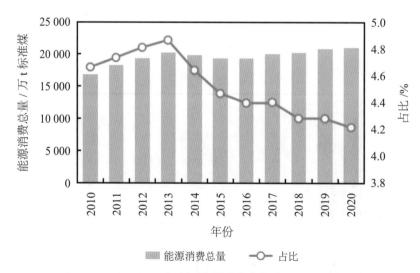

图 4-4 2010—2020 年山西省能源消费总量及占全国的比重

山西省能源消费弹性系数整体呈下降趋势。2010—2020 年，山西省能源消费弹性系数从 0.73 降至 0.16。其中，2010—2013 年，山西能源消费弹性系数高于全国水平，能源利用效率低于全国；2014—2016 年全省经济发展低迷，能源消费弹性系数低于全国，甚至出现负数；2017 年之后，能源消费弹性系数有所上升，2017—2019 年与全国持平，2020 年有所下降，比全国低 83.11%。

"十三五"期间，山西省能源消费总量和煤炭消费量、油品消费量均高于全国增速，天然气消费量低于全国增速，非化石能源消费增速"十一五"时期以来均低于全国增速（图 4-5）。山西省能源消费总量大，位居全国第九，高于陕西省、新疆维吾尔自治区，低于内蒙古自治区，其增速在"十一五"和"十二五"期间基本与全国持平，低于全国 1 个百分点，但在"十三五"期间增速高于全国 3 个百分点，这说明经济发展带来能源消费总量的增速加快。从煤炭消费量来看，"十二五"时期山西省煤炭消费增速低于全国 1 个百分点，"十三五"时期高于全国 4 个百分点，与全国煤炭消费总量逐年下降呈相反态势。从油品消费量来看，"十一五"时期油品消费增速远高于全国，而到"十三五"时期远超全国平均增速 7 个百分点。"十一五""十二五"时期天然气消费量基本都高于全国增速，而到"十三五"时期天然气消费增速低于全国 4 个百分点。非化石能源消费增速"十一五"时期以来均低于全国增速，"十三五"时期低于全国 3 个百分点。

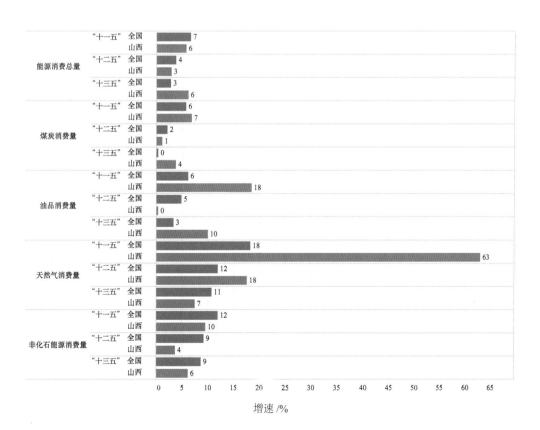

图 4-5　山西省与全国能源消费量增速比较

从能源消费强度来看，近 10 年来山西省能源消费强度逐年下降，2020 年较 2010 年下降 32%，能源消费强度降速高于全国平均水平，但能源消费强度依然远高于全国平均水平（图 4-6）。2020 年，山西省能源消费强度是国家平均水平的 2 倍以上。山西省人均能源消费量逐年增加，其增速明显高于全国平均增速。2020 年，山西省人均能源消费量为 143 t 标准煤，是全国的 40 倍左右。

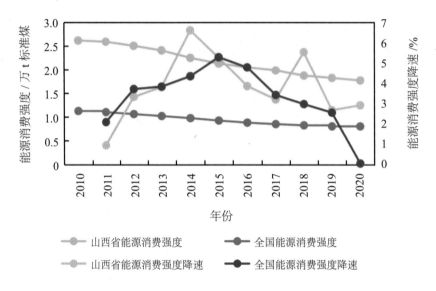

图 4-6　山西省与全国能源消费强度对比

从分部门能源消费（图 4-7）来看，煤炭消费主要集中在工业领域，工业用煤占 97.9%，生活、交通、农业等其他用煤只占 2.1%。工业用煤量集中在重工业行业，其中电力行业用煤占 40.8%，炼焦用煤占 35.6%，黑色金属冶炼和压延加工占 6.8%，有色金属冶炼和压延加工占 4.9%，化学原料和化学品制造占 4.4%，煤炭开采和洗选占 2.6%，非金属矿物制品占 2.1%，生活占 1.4%，其他占 1.3%。在电力消费中，工业行业占 77%，生活占 14.2%，交通行业占 3.4%，餐饮、住宿行业占 2.4%，农业领域占 1.9%，建筑领域占 1.0%。在天然气消费中，工业消费占 61.8%，生活消费占 22.0%，交通消费占 10.7%，住宿、餐饮消费占 5.4%，建筑占 0.1%。在石油消费中，汽油和柴油消费主要集中在交通领域，分别占 59.8% 和 58.0%，建筑领域中汽油和柴油消费分别占 6.2% 和 11.7%，农业领域中汽油和柴油消费分别占 6.6% 和 10.1%，工业领域中汽油和柴油消费分别占 2.9% 和 17.7%，生活领域中汽油和柴油消费分别占 21.5% 和 1.0%，住宿和餐饮领域中汽油和柴油消费分别占 3.0% 和 1.5%。

　　从能源消费构成（图 4-8）来看，山西省是典型的能源大省、煤炭大省，其能源高度依赖煤炭。2015—2020 年，一次能源消费结构逐年优化，煤炭消费占比由 2015 年的 87.0% 降至 2020 年的 83.7%，仍远高于全国平均水平（56.8%）；非化石能源消费占比由 2015 年的 3.25% 增至 2020 年的 6.82%，远低于全国平均水平（15.9%）。

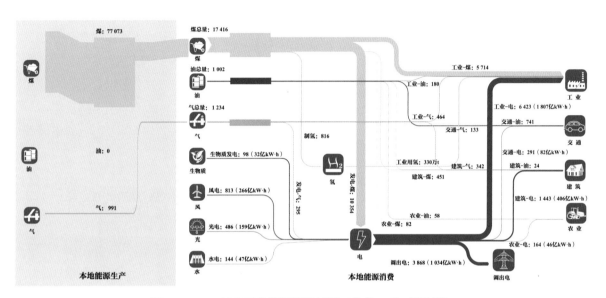

图 4-7　2020 年山西省能源流通情况（单位：万 t 标准煤）

注：制氢包括化石能源、化石能源 +CCUS 和工业副产氢。

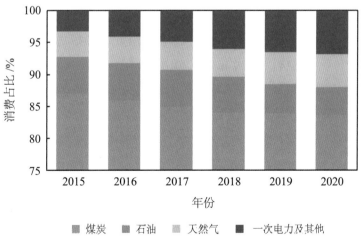

图 4-8　山西省一次能源消费结构

2020 年，山西省煤炭消费量为 3.6 亿 t，位列全国第三，仅次于山东省和内蒙古自治区。山西省的煤炭消费主要集中在工业行业（图 4-9），2015 年以来其煤炭消费总量逐年增加，其中电力、炼焦用煤逐年增加，生活用煤逐年减少。在煤炭消费总量中，煤电和炼焦是山西省主要的用煤大户，其中电煤占 40%，炼焦煤占 37%。山西省能源经济结构特征突出，煤炭、焦化、冶金、电力四大传统产业工业增加值占全部工业增加值的比重高达 60% ~ 70%。相较之下，建材行业产值规模较小，对全省工业经济增长的贡献率较低。

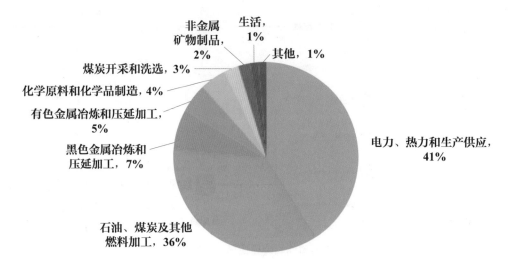

图 4-9 2020 年山西省分行业煤炭消费量构成

4.3.2 电力

2020 年，山西省电力装机容量为 1.04 亿 kW，发电量为 3 395 亿 kW·h，较 2010 年增加 62.9%；用电量为 2 342 亿 kW·h，较 2010 年增加 60.3%（表 4-1）。山西省用电量远低于发电量。2020 年，山西省外送电量为 1 053.6 亿 kW·h，比 2015 年（720.2 亿 kW·h）增加了 333.4 亿 kW·h，且逐年增加，年均增长率为 7.9%。目前，山西省特高压电网已形成"三交一直"的送电格局和以 500 kV 为骨干网架、各电压等级协调发展的坚强电网。"十三五"期间，山西省配电网发展迅速，2016—2019 年共新建及改造 110 kV 及以下配电线路 39 163 km，变电容量为 23 040 MV·A，为用户的安全可靠用电发挥了积极作用。晋电外送通道已经形成"5 回 1 000 kV+1 回 800 kV 直流 +12 回 500 kV"的格局。

表 4-1　2020 年山西省能源结构

年份	项目	装机容量 / 万 kW	发电量 / （亿 kW·h）
2020	煤电	6 530	2 722
	燃气	348	175
	风电	1 974	266
	太阳能	1 309	159
	水电	223	47
	生物质	64	27

从电力供应结构（图 4-10）来看，山西省发电量仍以火电为主，2020 年火电发电量占全省发电量的 86%，但火电发电比例较 2010 年的 97.62% 下降了近 10 个百分点。电力清洁低碳转型逐步推进，风电发电量占全省发电量的 7.8%，较 2010 年增加了近 7.5 个百分点；太阳能发电近年来不断发展，占全省发电总量的 4.7%，可再生能源电力消纳占电力消费的比重为 18.4%，仍远低于全国（27.5%）的平均水平。

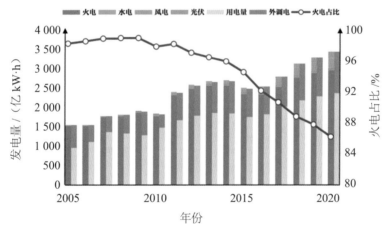

图 4-10　2005—2020 年山西省发电量及用电量变化趋势

新能源利用效率显著提升。"十三五"期间，山西省持续优化新能源发展布局，深入挖掘系统消纳潜力，不断加强系统调节能力建设，新能源利用效率显著提升。山西省风电平均利用率达 98.86%（全国平均为 96%），光伏平均利用率达 99.78%（全国平均为 98%）。

随着非化石能源消费比重的逐渐提高，能源供给安全、能源经济性和能源清洁化矛盾越发突出，主要表现在新能源发展规模和全社会用电量增长不适应、新能源发展与调峰能力建设不匹配、新能源消纳与供热期供热需求发电矛盾突出等方面。

4.3.3 太阳能和风能

截至 2020 年 12 月，山西省新能源装机规模达到 3 570 万 kW，占全省电力总装机规模的 34.4%。其中，风电装机规模 1 974 万 kW，光伏发电装机规模 1 309 万 kW，风电、光伏发电装机规模分别位列全国第四和第六，总装机位列全国第五。新能源利用效率显著提升，风电平均利用率达到 98.86%（全国平均为 96%），光伏平均利用率达到 99.78%（全国平均为 98%）。

山西省具有非常丰富的太阳能和风能资源，新能源发电潜力巨大（表 4-2、图 4-11）。100 m 高度风能资源 ≥ 200 W/m² 的技术开发量为 1.92 亿 kW，尤其是北部的大同、忻州等城市和南部的运城等城市的发电潜力很大，属风能开发较丰富区和丰富区；大同、朔州、忻州等城市具有非常好的太阳能发电潜力，山西省北部年平均太阳能辐射量为 1 624 kW·h/m²，太阳能开发资源较丰富，全省太阳能资源技术可开发量为 2.04 亿 kW，在华北地区仅次于内蒙古自治区。

表 4-2 山西省新能源资源

城市	风电可开发面积 / km²	风电技术可开发量 / 万 kW	光伏可开发面积 / km²	光伏技术可开发量 / 万 kW
太原市	5 191	737	2 177	717
大同市	10 734	2 023	6 981	3 075
阳泉市	3 800	498	1 509	447
长治市	10 858	1 593	5 260	1 738
晋城市	7 232	1 006	3 106	941
朔州市	6 911	1 449	5 478	2 643
晋中市	13 138	1 920	6 049	2 032
运城市	7 244	1 390	3 986	1 826
忻州市	20 068	2 961	8 663	2 921
临汾市	16 495	2 727	6 615	2 102
吕梁市	17 287	2 862	6 413	1 918
合计	118 958	19 166	56 237	20 360

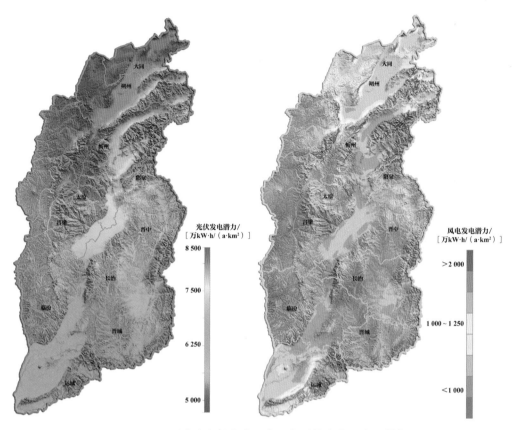

图 4-11　山西省太阳能发电（左）和风能发电（右）潜力

　　优良的新能源资源禀赋，为推动山西省能源结构调整和实现碳达峰碳中和奠定了基础。山西省靠近京津冀电力负荷中心，且处于华北特高压交流环网节点上，这为其风光电资源提供了良好的外送条件。

第 5 章
山西省温室气体排放现状

5.1   山西省碳排放总量和结构

山西省 2020 年温室气体排放总量为 83 793 万 tCO_2e（二氧化碳当量），其中二氧化碳排放量为 61 119 万 t（73%），非二氧化碳排放量为 22 674 万 t（27%），见图 5-1。二氧化碳排放中，能源活动排放最高，为 54 439 万 t（占二氧化碳排放的 89%），工业过程排放占比 11%（山西省二氧化碳排放因子见附表 1、附表 2）。在能源活动中，电力和工业部门是最主要的能源消费和碳排放领域，2020 年的排放量分别为 28 459 万 t（47%）和 22 002 万 t（36%）。工业部门中，钢铁和炼焦行业的碳排放量分别为 11 320 万 t 和 5 495 万 t，分别占全省二氧化碳气体排放量的 19% 和 9%；交通部门的碳排放量为 1 808 万 t，占全省总排放量的 3%；生活、服务业和农业 3 个部门的碳排放量较低，分别为 1 079 万 t、746 万 t 和 345 万 t，加和后占全省总排放量的 4% 左右。2020 年，工业过程排放量为 6 680 万 t，占全省总排放量的 11%，主要来自水泥和石灰生产过程，分别占工业过程碳排放量的 32% 和 31%。非二氧化碳温室气体排放总量为 22 674 万 tCO_2e，其中主要为甲烷排放，2020 年的排放量约为 22 108 万 tCO_2e，占全省非二氧化碳温室气体排放量的 97%，其中绝大部分来自煤矿开采，占全省非二氧化碳温室气体排放量的 94%；氧化亚氮和含氟温室气体的排放量分别为 327 万 tCO_2e 和 239 万 tCO_2e。

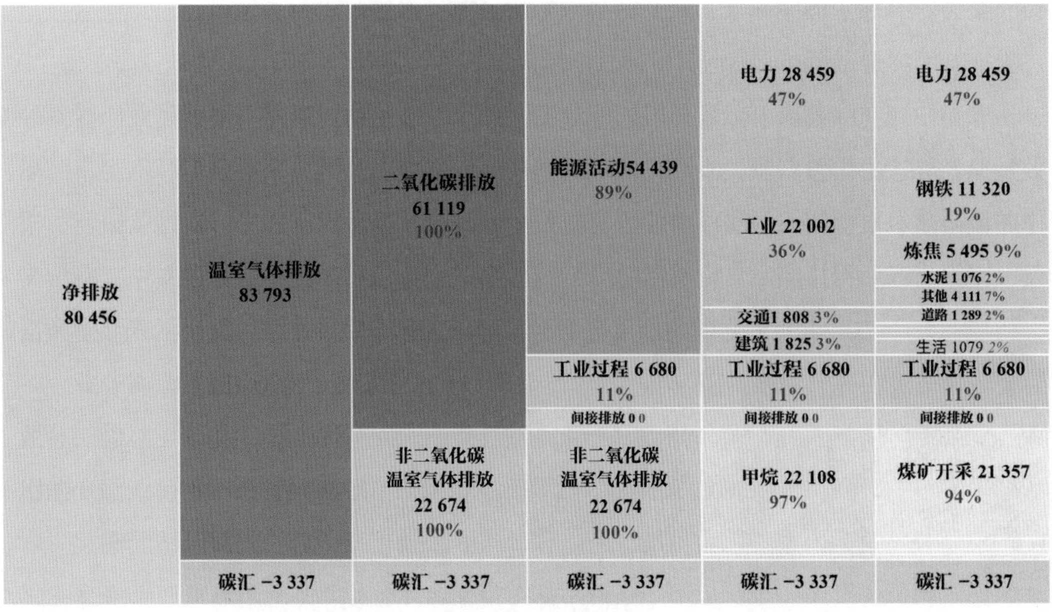

图 5-1   2020 年山西省碳排放量构成（单位：万 t）

注：GWP 值来自 IPCC 第六次评估报告，2021。

山西省目前碳排放总量、人均碳排放和碳排放强度均处于全国前列（从大到小排列），即排放体量大、人均碳排放和碳排放强度较高（图 5-2）。2020 年，山西省碳排放总量（直接排放 + 间接排放，包括工业过程）为 6.11 亿 t，位于全国前列；人均碳排放为 17.50 t，在全国范围内位居第四，仅次于内蒙古、宁夏和新疆，远高于全国平均水平（7.82 t/ 人），是全国水平的 2 倍多；碳排放强度为 3.43 t/ 万元，处于全国第四，同样仅次于宁夏、内蒙古和新疆，远高于全国平均水平（1.09 t/ 万元），是全国水平的 3 倍多。

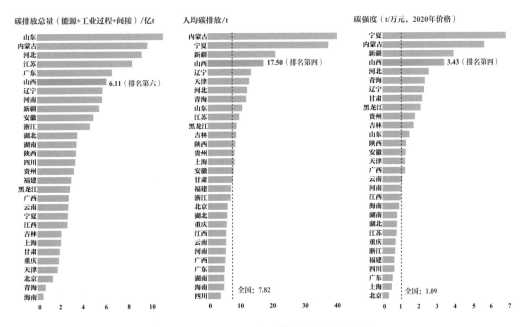

图 5-2　2020 年山西省碳排放在全国的情况

5.2　森林碳汇

2020 年年底，山西省森林面积达 5 542.93 万亩[1]，森林覆盖率达 23.57%，超过全国平均水平。山西省 2020 年活立木蓄积量达到 1.783 亿 m^3。晋城市森林覆盖率为 35.51%，居全省各地市之首。全省 11 个地市中，共有晋城、运城等 5 个城市的森林覆盖率高于全省水平。其中，3 个县（区、市）的森林覆盖率超过 50%，长治市沁源县以 52.75% 居首。

2020 年，山西省林地总碳储量为 112 667.6 万 tC，占全国林地总碳储量的 1.70%。乔木林地总碳储量为 70 006 万 tC，占林地总碳储量的 62.1%；竹林地碳

---

[1] 1 亩 = 1/15 hm^2。

储量为 20.6 万 tC，占林地总碳储量的 0.02%；灌木林地碳储量为 25 611.2 万 tC，占林地总碳储量的 22.7%；其他林地碳储量为 15 586.6 万 tC，占林地总碳储量的 13.8%；其他生物质碳储量为 1 443.1 万 tC，占林地总碳储量的 1.3%。

山西省植被碳储量（生物质碳储量）为 18 614.2 万 tC。随着天然林保护工程的开展，山西省天然林得到充分保护，森林生长健康，自然演替更新良好。近年来，山西省扩大了人工林种植面积，并对人工林进行抚育更新，人工林生长与演替良好。

山西省南北植物区系成分差异较大，整体上植物区系成分过渡性特征较为明显。最北端的内长城恒山以北为温带草原地带，植被主要是温带灌木丛和半干旱草原，乔木种类少而稀疏；中部以中旱生的落叶灌丛、落叶阔叶乔木与针叶乔木为主要植被；南部的中条山植物区系具有暖温带与亚热带的过渡性，亚热带成分较多。受气候和地形影响，山西省碳密度（单位面积植被碳储量）总体呈由北向南、由西向东增加的空间布局（图 5-3），平均植被碳密度为 2 580 tC/km²，小于全国平均植被碳密度（3 471 tC/km²），全省大多数样地森林碳密度在 2 000 tC/km² 之下。碳密度最大的森林位于省内中南部太岳山西南部绵山—霍山和中条山，分布在吕梁山北段芦芽山、中部关帝山、中南部紫荆山—五鹿山及太行山南部的森林碳密度也较大。汾渭谷地和太原盆地的碳密度较低，内长城恒山以北地带碳密度低于其他林区。

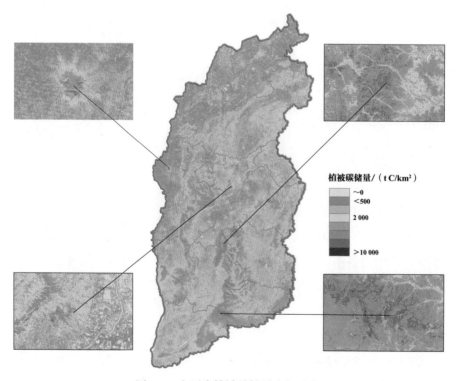

图 5-3　山西省植被碳储量空间分布

2020 年，山西省林地总碳汇量为 3 336.6 万 tCO_2，占全国林地总碳汇量的 3.9%。山西省林地碳汇量的空间分布基本与碳储量分布一致，呈由北向南、由西向东增加的空间布局（图 5-4）。根据《山西省国土空间规划（2021—2035 年）》，位于中南部的太岳山和中条山水源涵养生态功能区植被覆盖基础较好，加上大力实施天然林资源保护工程、积极营造水土保持林，森林面积持续扩大，碳汇量较高。位于吕梁山东侧的吕梁山水源涵养及水土保持生态功能区通过积极营造水土保持林和水源涵养林，以及在低山丘陵地区适当发展经济果木，保持了较好的碳汇水平。位于吕梁山西侧的黄土高原丘陵沟壑水土保持生态功能区黄土堆积深厚、地表切割破碎、水土流失严重，虽然实施封山禁牧、恢复退化植被等措施，但由于自然条件较恶劣，生态系统恢复慢，碳汇量较小。值得一提的是，内长城恒山以北的京津风沙源治理生态功能区，虽然沙漠化脆弱程度高、土壤贫瘠，但通过积极营造防风固沙林、生态公益林、水土保持林，大幅提高了森林植被覆盖率，碳汇水平也较优。山西省内部分河道、公路沿线的带状植被出现了由碳汇转碳源的情况，值得关注。

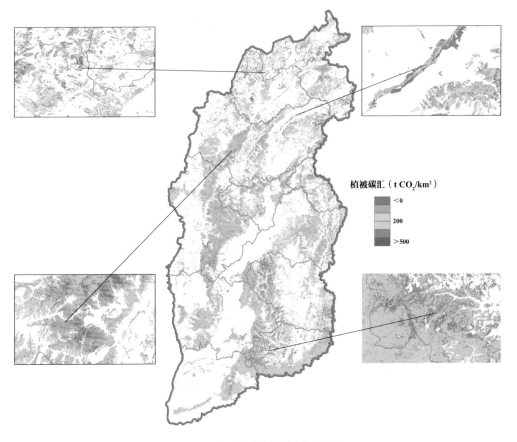

图 5-4　山西省植被碳汇空间分布

山西省的森林碳汇发展面临两个突出的问题：一是全省森林覆盖率相对偏低，不仅低于全国平均水平 6 个百分点，也低于周边省（区、市）和中部地区；二是现有宜林面积立地条件差，造林难度很大，全省现有宜林荒山多处于土壤瘠薄的石质山区，自然条件很差，再加上年年干旱缺水、采煤地表沉陷，致使新造林成活率、保存率提高艰难。

5.3   碳排放空间分布特征

山西省高排放区域由北向南具有明显的聚集性，北部以大同市为代表，中部集中于太原市、吕梁市等地区，南部集中于晋城市、运城市等地区。高空间分辨率的排放网格直观展示了全省二氧化碳排放的空间分布特征与地域关联，通过高排放网格结合遥感影像可以精准识别出高排放点源、面源、线源，为碳排放精细化管理提供基础数据需求。如图 5-5 所示，山西省二氧化碳排放的空间分布差异明显，由晋北、晋中到晋南呈现明显的聚集性。全省 15.8 万个 1 km 网格的年平均二氧化碳排放量约为 3 236 t，排放量最高的网格的排放量达到 2 181 万 t。晋北地区的高排放区域集中在大同市，以煤炭开采、煤焦化、煤电、水泥等高排放行业为主；晋中地区的高排放区域集中在太原、吕梁、晋中等城市，以煤炭开采、煤焦化、煤电、钢铁、铸造产业、玻璃器皿等高排放行业为主；晋南地区的高排放

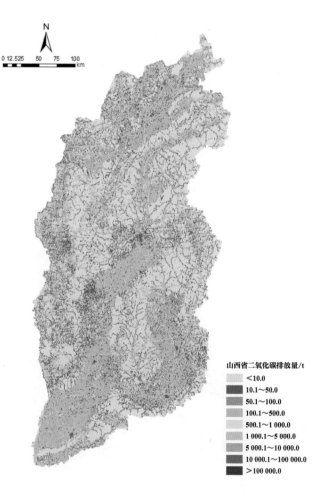

图 5-5   山西省重点企业二氧化碳排放

区域集中在运城、晋城等城市，以煤焦化、煤电、钢铁等高排放行业为主。

5.4　煤炭开采甲烷排放

甲烷是全球第二大温室气体。IPCC 第六次评估报告指出：当前甲烷浓度处于过去 80 万年以来的最高值，废弃煤矿、农业、石油和天然气作业释放到大气中的甲烷在 20 年内对全球变暖的影响是二氧化碳的 84 倍，它对全球变暖的贡献约占 1/4。甲烷控排已引发国际社会的广泛关注。作为煤炭大省，山西省 90% 的甲烷排放源于能源活动（主要是煤炭开采），只有不到 9% 和约 1% 的排放分别源于农业活动和废弃物。根据我国 2018 年发布的《中华人民共和国气候变化第二次两年更新报告》，2014 年中国温室气体排放构成中，甲烷排放达到 11.61 亿 tCO_2e，占比 10.4%，是仅次于二氧化碳的第二大温室气体。其中，能源活动和农业活动的甲烷排放量最多，分别占甲烷排放总量的 44.8% 和 40.2%。在我国能源活动导致的甲烷排放中，逃逸排放占比约 90%，而逃逸排放的 95% 源于煤炭开采过程。

山西省是我国最大的煤炭生产基地，2019—2021 年，煤炭产量呈上升趋势，分别为 9.7 亿 t、10.6 亿 t、11.9 亿 t；在全国煤炭产量中的占比也呈逐年上升趋势，分别为 26%、27%、29%。

生态环境部卫星环境应用中心利用 TROPOMI 卫星数据，对 2019—2021 年山西省矿区甲烷柱浓度情况进行了空间分析（表 5-1），结果表明山西省矿区 2019—2021 年甲烷柱浓度均值为 1 882.7 ppb[1]。阳泉和晋城的均值相对较高，分别为 1 911.9 ppb、1 914.0 ppb；忻州和朔州的均值相对较低，分别为 1 857.8 ppb、1 859.6 ppb。山西省甲烷年均浓度呈中南部高、北部低的区域分布特征。高值区主要分布在中南部的晋中、吕梁、太原的交界处，吕梁西部及阳泉、晋城、运城、长治等城市大部地区。从年变化趋势来看，2019—2021 年，山西省及各城市矿区甲烷柱浓度呈明显的线性增长趋势，全省年增长率为 1.9%（增长了 35.7 ppb）。

表 5-1　山西省甲烷柱浓度年均值及变化趋势

（单位：ppb）

区域	2019 年	2020 年	2021 年	均值	年增长率 /%
阳泉市	1 887.6	1 912.4	1 935.7	1 911.9	2.5
晋城市	1 896.1	1 914.5	1 931.4	1 914.0	1.9
长治市	1 880.1	1 898.3	1 914.9	1 897.8	1.9
太原市	1 857.1	1 878.7	1 896.9	1 877.6	2.1
运城市	1 868.8	1 885.2	1 894.6	1 882.9	1.4

1 ppb 是 part per billion 的缩写，代表十亿分之一，即 10^{-9}。

区域	2019 年	2020 年	2021 年	均值	年增长率 /%
晋中市	1 870.2	1 881.5	1 904.2	1 885.3	1.8
吕梁市	1 869.0	1 885.7	1 902.5	1 885.7	1.8
临汾市	1 859.5	1 877.1	1 892.5	1 876.4	1.8
大同市	1 848.6	1 870.5	1 883.4	1 867.5	1.9
忻州市	1 841.0	1 856.4	1 876.1	1 857.8	1.9
朔州市	1 842.1	1 855.0	1 881.7	1 859.6	2.1
山西省	1 864.9	1 882.7	1 900.6	1 882.7	1.9

2020—2021 年，山西省总体甲烷排放呈上升趋势，其中中部以东和东南部的部分区域排放量显著上升。大部分甲烷排放量显著上升的区域与煤矿开采区的分布相一致，表明甲烷排放量的升高与煤炭开采直接挂钩（图 5-6）。根据《山西统计年鉴》数据，2020 年山西省全年的煤炭产量为 10.8 亿 t，2021 年达到 12.0 亿 t，同比增长 11.1%。相较于 2020 年 10 月底，当年 12 月底的山西省煤矿数量增加了 30 处，产能增加了 4 165 万 t。甲烷排放量的增加趋势符合煤炭产量和煤矿数量的增加趋势。

忻州、阳泉、长治和晋城这几个城市周围甲烷排放量升高的趋势显著，尤其是阳泉一带，煤矿分布密集，甲烷排放也显著升高。主要是因为这些区域地处沁水盆地、鄂尔多斯盆地东缘两个高突瓦斯区内，区域内煤与瓦斯突出矿井和高瓦斯矿井分布密集，煤层对甲烷的吸附能力强，甲烷含量普遍偏高。

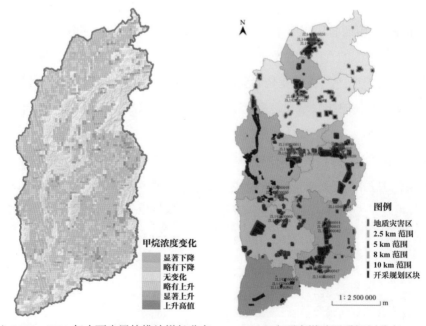

（a）2020—2021 年山西省甲烷排放增长分布　　（b）山西省煤矿开采规划分布

图 5-6　甲烷与煤炭分布

5.5 城市温室气体排放特征

从总排放量来看（图 5-7），临汾、吕梁和运城是山西省排放最高的 3 个地级市，排放量分别为 9 237 万 t、8 669 万 t 和 8 206 万 t，分别占全省总排放的 15%、14% 和 13%；太原、长治的碳排放量均在 6 000 万 t 以上，各占全省总排放量的 10%；晋中、大同、晋城、朔州的碳排放水平接近，占全省总排放量的 7% ~ 8%；忻州和阳泉的碳排放水平最低，分别占全省总排放量的 5% 和 4%。从人均排放和碳强度（表 5-2）来看，临汾也远高于其他城市，其人均排放（27.5 t）和碳强度（5.96 t/ 万元）均是第二名晋城的 2 倍多。晋城虽然总排放量不大，但是人均排放（13.2 t）和碳强度（2.46 t/ 万元）均列第二。类似的城市还有忻州，总排放量虽然是倒数第二，但人均排放（8.2 t）和碳强度（2.12 t/ 万元）都属于全省中等水平。与之相对的是，太原的总排放量虽然位于前列，但是人均排放（3.0 t）和碳强度（0.18 t/ 万元）在全省范围内均属于末等水平。阳泉不仅总排放低，人均排放（2.2 t）和碳强度（0.39 t/ 万元）也低于大部分城市。

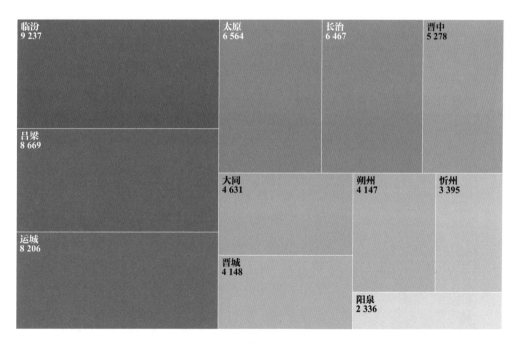

图 5-7　2020 年山西省地级城市能源活动二氧化碳排放量（单位：万 t）

表 5-2　2020 年山西省城市二氧化碳排放情况

城市	排放量 / 万 t	占比 /%	人均排放 /t	碳强度 / (t/ 万元)
临汾市	9 237	15	27.5	5.96
吕梁市	8 669	14	11.9	2.34
运城市	8 206	13	8.9	2.45
太原市	6 564	10	3.0	0.18
长治市	6 467	10	8.4	0.90
晋中市	5 278	8	7.4	2.40
大同市	4 631	7	3.3	0.33
晋城市	4 148	7	13.2	2.46
朔州市	4 147	7	4.4	1.14
忻州市	3 395	5	8.2	2.12
阳泉市	2 336	4	2.2	0.39

5.6　重点产业碳排放特征

本研究对山西省传统产业（煤炭开采、煤炭加工、火电、钢铁、建材）、新兴产业（新装备制造、新一代信息技术产业、新能源汽车）、数字经济的经济情况和碳排放现状进行了分析，见图 5-8 和图 5-9。

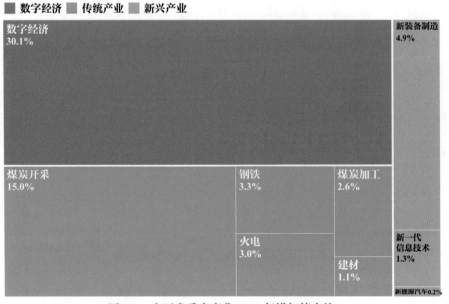

图 5-8　山西省重点产业 2020 年增加值占比

注：数字经济为不同产业中数字技术贡献的部分，与其他行业增加值有相互交叉的部分。图中占比部分有重叠，不能直接加和。

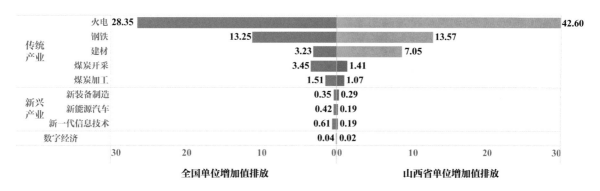

图 5-9　山西省 2020 年重点行业单位增加值碳排放（单位：t/ 万元）

注：柱状图表示行业单位增加值碳排放（2020 年当年价格），其中蓝色表示单位增加值碳排放低于全国水平，橙色表示单位增加值碳排放高于全国水平。

5.6.1　传统产业

"十一五"、"十二五"及"十三五"期间，山西省着力推进全省能源结构与产业结构转型，煤炭在能源消费中的占比持续下降，但仍占据 50% 以上的优势地位。2020 年，传统产业碳排放约为 4.8 亿 t，占工业部门排放的 78.6%。但其增加值占比仅为 25%。其中，煤炭开采行业排放占比 6.2%，增加值占比 15.0%；煤炭加工行业排放占比 0.8%，增加值占比 2.6%；火电行业排放占比 46.7%，增加值占比 3.0%；钢铁行业排放占比 21.5%，增加值占比 3.3%；建材行业排放占比 3.4%，增加值占比 1.1%。火电行业和钢铁行业的碳排放占比最大，但增加值不高，煤炭开采行业的增加值最高，碳排放占比相对较低。从单位增加值碳排放量来看，山西省火电、钢铁和建材行业的单位排放量远高于全国水平，达到全国水平的 2 ～ 3 倍。煤炭开采和煤炭加工行业低于全国水平，尤其是煤炭开采行业，约为全国平均水平的一半。

煤炭开采和煤炭加工是山西省的重点传统产业，也是山西省的优势和特色产业。2020 年，山西省煤炭开采、煤炭加工行业的碳排放量分别为 3 774 万 t 和 485 万 t，仅占工业碳排放的 6.2% 和 0.8%。煤炭开采行业的单位增加值碳排放为 1.41 tCO$_2$/万元，远低于全国的 3.45 tCO$_2$/ 万元，也远低于火电、钢铁和建材等省内其他传统行业。煤炭加工行业的单位增加值碳排放为 1.07 tCO$_2$/ 万元，低于全国水平，也是山西省传统行业中的最低值。

火电、钢铁和建材也是山西省的重点传统产业，2020 年为全省经济贡献了 7.4% 的增加值。2020 年山西省火电行业的碳排放为 2.8 亿 t，钢铁行业的碳排放为 1.3 亿 t，建材行业的碳排放为 0.14 t，分别占工业碳排放的 46.7%、21.5%、3.4%。从单位增加值碳排放来看，火电行业为 42.60 tCO$_2$/ 万元，建材行业为

$7.05\,\mathrm{tCO_2}/$ 万元，均远高于全国平均水平；钢铁行业为 $13.57\,\mathrm{tCO_2}/$ 万元，与全国平均水平基本持平。对于火电行业，山西省单位工业增加值是全国的 1.5 倍，主要是因为全省多家火电厂都处于亏损状态，这是煤电利用小时数和煤价高、电价低导致的。当前，山西省的电力明显过剩。2020 年 1—2 月，全省用电负荷长期低位徘徊，为了兼顾民生供热与新能源消纳，在省内供热机组连续 30 天按保供热最小方式运行的情况下，仍出现了 6.6 亿 kW·h 的弃电量，弃电率远高于全国平均水平。山西省火电厂发电设备平均利用小时只有 4 426 h，而对于 30 万 kW 以上煤电机组，在当前电价下煤电只有在利用小时数超过 4 500 h 才可能盈利。与此同时，山西省又是全国煤电大省，占全国总火力发电的 5.6%。低收入、高排放导致山西省火电单位工业增加值远高于全国平均水平。

5.6.2　新兴产业

山西省高度重视新型产业发展，为加快推进产业结构调整与转型升级，近年来山西省立足优势支持新兴产业发展，包括新装备制造行业、新一代信息技术行业和新能源汽车行业等。新兴产业碳排放约为 308 万 t，只占工业部门排放的 0.5%，增加值占比达 6.4%。其中，新装备制造的碳排放占比 0.4%，增加值占比 4.9%；新一代信息技术的碳排放占比 0.1%，增加值占比 1.3%；新能源汽车的碳排放可以忽略不计，增加值占比 0.2%。山西省新兴产业的单位增加值碳排放均优于全国水平，新能源汽车行业不到全国平均水平的一半，新一代信息技术行业为全国平均值的 1/3。山西省新一代信息技术的低碳化水平遥遥领先，代表了全国先进水平。

5.6.3　数字经济

山西省抢抓数字经济发展机遇，深入实施数字经济发展战略，加快推动经济社会各领域数字化发展。数字经济中包括产业数字化，即不同传统产业产出中数字技术的贡献部分，如电子商务、平台经济、共享经济、工业互联网、智能制造等工业数字化。数字技术可以为社会经济的绿色发展提供网格化、数字化和智能化的技术手段，实现产业转型升级和结构优化，提高政府监管和社会服务的现代化水平，促进绿色生产和生活方式的形成，以及社会整体能源消费的减少。然而，数字经济产业的整体能源消耗增长非常快，2020 年全球 ICT 行业的碳排放占全球总排放的 2.3%。目前，山西省数字经济的碳排放约为 102 万 t，占全国数字经济总排放的 0.74%。数字经济的排放量占比仅 1.82%，却贡献了 30.1% 的增加值。从单位增加值碳排放来看，山西省的数字经济优于全国水平，仅为全国水平的一半，表明山西省的数字经济低碳水平高，领先于全国。

整体来看，山西省大部分新兴产业的单位增加值排放量均优于全国水平，尤其是新兴产业和数字经济，但是传统行业中火电、钢铁和建材行业的增加值要远高于全国平均水平。提高这三大行业的技术水平、继续降低单位产品能耗是碳排放下降的重要途径。煤炭开采和加工行业作为山西省主要的支柱产业，目前单位增加值排放量远低于全国平均水平，未来应该继续保持该行业发展的龙头地位。从产业类型来看，新兴产业、数字经济和现代服务业与传统行业相比，其单位增加值排放量均较低，也是未来主要发展的重点产业。

第 6 章
山西省排放驱动力分析

6.1 排放趋势特征

山西省碳排放总量（直接排放＋间接排放，包括工业过程，下同）在"十一五"期间快速上升（年均增速 7.15%）、"十二五"期间波动上升（年均增速 1.41%）、"十三五"期间缓慢上升（年均增速 3.98%），二氧化碳总排放年均增长速率呈逐渐下降趋势。

"十一五"期间，山西省碳排放总量处于快速上升阶段，增加了 13 685 万 t，年均增速 7.15%，尤其是 2005—2006 年的年增速超过 9.5%。直接排放量在"十一五"期间增长了 12 933 万 t，增幅 44.4%，于 2010 年突破 4 亿 t。

"十二五"期间，山西省碳排放总量增速明显放缓，年均增速 1.41%。其中，2010—2012 年，碳排放总量仍增长较快，年均增速超过 8.2%；2013—2015 年，碳排放总量出现了小幅下降。直接排放量在"十二五"期间仅增长了 3 029 万 t，增幅 7.2%，其中 2013—2015 年下降了 3 945 万 t。

"十三五"期间，山西省碳排放总量整体增速明显放缓，年均增速为 3.98%，除 2016—2017 年外，其他年份的年增速均维持在 4.0% 以下。直接排放量在"十三五"期间增长了 9 371 万 t，增幅为 20.8%。

从分能源排放（图 6-1）来看，煤炭是山西省排放最高的能源品种，占比保持在 80% 以上。"十一五"至"十三五"期间，煤炭排放占比逐渐下降，从 84% 降至 82%，天然气和油品带来的二氧化碳排放逐渐上升。从分部门（图 6-2）来看，排放最大的部门是工业和电力部门，占比从 2005 年的 77% 增至 2020 年的 83%；工业过程排放保持稳定，从 2005 年的 4 094.09 万 t 增至 2020 年的 6 679.82 万 t；间接排放保持小幅缓慢增长。

随着 2013 年《大气污染防治行动计划》（又称"大气十条"）的实施及"蓝天保卫战"的启动，全国煤炭消费总量开始下降，山西省煤炭消费也从 2013 年起出现大幅下降。但是山西省是全国重要的煤电生产基地，在保证本省经济社会发展能源需求的同时，也要为国家能源安全提供有效保障。2020 年，山西省约 39% 的电力用于外调，较 2015 年上升 45%。"十三五"期间，山西省电力外送需求进一步增加，导致全省煤炭消费又出现上涨。

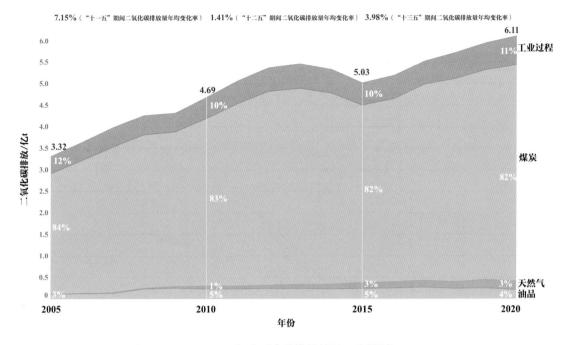

图 6-1　2005—2020 年山西省碳排放情况（分能源）

注：图中白色百分比数据为排放占比，上端为二氧化碳排放总量。

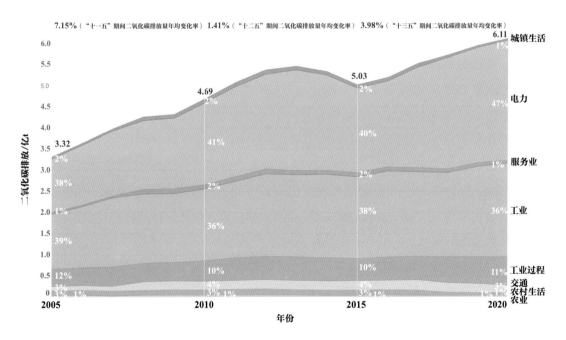

图 6-2　2005—2020 年山西省碳排放情况（分部门）

注：图中白色百分比数据为排放占比，上端为二氧化碳排放总量。

从分要素来看，影响山西省碳排放的因素包括人口、地区生产总值、产业和能源基本情况。图 6-3 为 2005—2020 年山西省相关指标变化情况，可以看出二氧化碳排放增长较快，2005—2020 年均增长率为 4.3%。

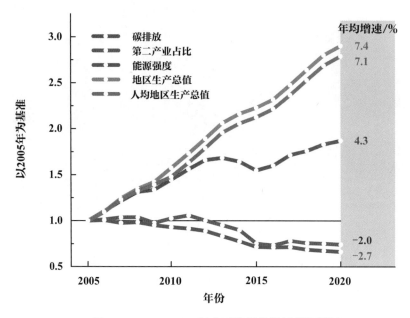

图 6-3　2005—2020 年山西省相关指标变化情况

各影响因素中，人均地区生产总值增长较快，2005—2020 年均增长率达到 7.1%，高于碳排放增长率。其中，人口较为稳定，增长率仅为 0.3%，地区生产总值增长率为 7.4%。产业结构方面，第一产业整体较稳定，增长率为 -0.8%；第二产业占比下降较多，年平均变化率为 -2.0%；因山西省 2005—2020 年产业结构调整成效较为显著，第三产业占比明显增加，增长率为 2.5%。能源方面，山西省 2005—2020 年部分年份的能源强度出现较小的上升波动，但整体呈下降趋势，年均变化率为 -2.7%。2005—2020 年，山西省单位地区生产总值能源消耗量不断下降，山西省降低碳排放的努力有所收获。

山西省碳排放强度（地区生产总值折算成 2005 年不变价）保持稳定下降（年平均下降率为 2.9%），2020 年为 4.6 t/万元，高于全国平均碳排放强度（1.89 t/万元），见图 6-4。"十一五"期间，山西省碳排放强度下降 8.3%。"十二五"和"十三五"期间，碳排放强度下降速度分别为 24.2% 和 7.3%，其中 2012—2015 年山西省碳排放强度大幅下降，但从 2015 年之后碳排放强度的年均下降幅度基本保持稳定，降速变缓。

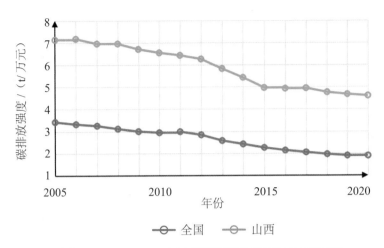

图 6-4　2005—2020 年山西省碳排放强度与全国的对比

山西省的人均碳排放一直在稳定上升（2020 年为 15.6 t），高于全国人均碳排放（2020 年为 8.29 t）。由于近年来山西省的人口数量没有大幅变动，人均碳排放与碳排放量变化趋势基本一致，一直在持续上升，上升幅度高于全国上升平均幅度（图 6-5）。从全国来看，山西省的人均碳排放处于较低水平。"十一五"和"十二五"期间，山西省人均碳排放持续上升，分别累计增长了 35.6% 和 8.9%。"十三五"期间，山西省人均碳排放继续稳定上升，年均增幅高于"十二五"，五年累计增长 21.8%。全国人均碳排放变化不明显，年均变化幅度约为 2%，"十三五"期间累计增长 4%。

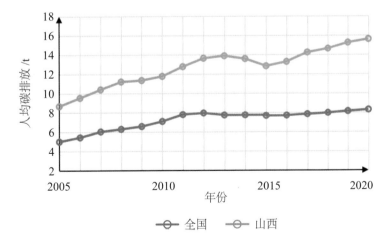

图 6-5　2005—2020 年山西省人均碳排放与全国的对比

6.2 达峰状态判断

通过模型计算，总体来看山西省仍处于未达峰阶段。在城市层面，阳泉市和运城市碳排放已经达峰，太原市、大同市和长治市处于碳排放平台期，其余城市均处于未达峰阶段（图 6-6）。

根据生态环境部环境规划院构建的二氧化碳排放状态判断方法模型（evaluation model on the Status of CO_2 emissions, ESC），基于 2005—2020 年的二氧化碳直接排放（能源排放 + 工业过程）与总排放（直接排放 + 间接排放）历史数据，应用统计学方法（包括 Mann-Kendall 趋势分析检验法、Bootstrap 方法和条件判断函数）判断山西省的碳达峰状态可知，山西省碳排放总量从 2005 年的 3.32 亿 t 快速升至到 2020 年的 6.11 亿 t，历史高值出现在 2020 年，由于峰值出现时间太晚，无法满足统计学检验条件，因此山西省仍旧处于未达峰阶段。

对于山西省内各城市二氧化碳排放状态，从模型判断结果来看，就历史碳排放而言，山西省各城市中仅阳泉市和运城市处于达峰状态，其总排放分别在 2013 年（2 920 万 t）和 2011 年（11 167 万 t）达到峰值，随后进入波动下降阶段。此外，太原市、大同市和长治市已经处于碳排放平台期。太原市的二氧化碳直接排放和总排放均在 2015 年达到峰值（分别为 8 403 万 t 和 8 525 万 t），随后进入波动下降阶段，在 2019—2020 年碳排放出现上升。大同市的二氧化碳总排放在 2013 年达到峰值（6 386 万 t），随后在 2014—2018 年进入波动下降阶段，2018—2020 年下降幅度加快。由于 2014—2020 年未呈现出显著的下降趋势，大同市仍然处于平台期。长治市的二氧化碳总排放峰值时间较早（2011 年），随后在 2012—2015 年稳定下降，但在 2015—2020 年出现上升。

山西省其余城市，包括晋城市、朔州市、晋中市、忻州市、临汾市和吕梁市，均处于未达峰阶段。上述城市的碳排放在 2005—2020 年呈快速上升态势，峰值出现在 2017—2020 年，无法满足统计学检验的条件，因此判断其处于未达峰阶段。吕梁市在 2011 年出现了一个排放高点，随后在 2011—2015 年出现下降，但在 2015—2019 年又出现上升，历史峰值出现在 2019 年，由于峰值后数据点过少，无法满足统计学检验的条件，判断其仍处于未达峰阶段。

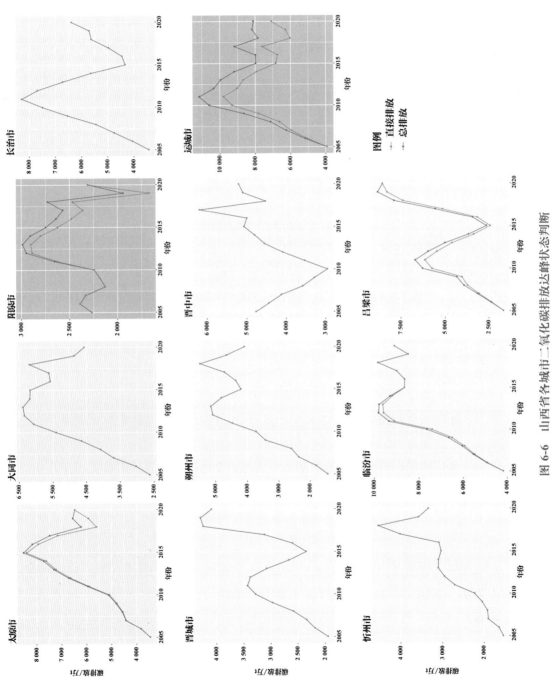

图 6-6　山西省各城市二氧化碳排放达峰状态判断

6.3　排放驱动力分析

本节采用对数平均迪氏指数法（LMDI）分析山西省 2005—2020 年碳排放的主要驱动力。LMDI 分解法是对一段时期内影响碳排放变化的因素进行分解的办法。通过分析山西省碳排放的现状和特点，运用 LMDI 法对山西省碳排放的主要影响因素分解等式如下：

$$C = \sum_{i=1}^{m} \sum_{j=1}^{n} P \times \frac{\text{GDP}}{P} \times \frac{\text{GDP}_i}{\text{GDP}} \times \frac{E_i}{\text{GDP}_i} \times \frac{E_{ij}}{E_i} \times \frac{C_{ij}}{E_{ij}}$$

$$= P \times \text{PG} \times \text{IS}_i \times \text{EI}_i \times \text{ES}_{ij} \times \text{CI}_{ij}$$

其中各变量说明如表 6-1 所示。

表 6-1　碳排放驱动 LMDI 分解变量说明

变量	含义	变量	含义
C	碳排放量 / 万 t	C_{ij}	第 i 部门中 j 能源消耗产生的碳排放量 / 万 t
P	总人口数量 / 万人	PG	人均地区生产总值 / 元
GDP	地区生产总值 / 万元	IS_i	产业结构 /%（地区生产总值中第 i 产业所占的比例）
GDP_i	第 i 部门地区生产总值 / 万元	EI_i	第 i 部门能源消费强度 /（t/ 元）
E_i	第 i 行业能源消耗量 / 万 t	ES_{ij}	综合能源结构 /%（第 i 部门中 j 能源所占的比例）
E_{ij}	第 i 部门中 j 能源消耗量 / 万 t	CI_{ij}	第 i 部门中 j 能源的碳排放系数

由于部门中能源的碳排放系数基本不会发生变化，碳排放系数效应 $\Delta\text{CI} = 0$，碳排放综合效应 ΔC 可表示为人口效应、人均地区生产总值效应、产业结构效应、能源消费强度效应和综合能源结构效应 5 个角度的效应之和：

$$\Delta C = \Delta P + \Delta \text{PG} + \Delta \text{IS} + \Delta \text{EI} + \Delta \text{ES}$$

运用以上模型对山西省 2005—2020 年碳排放量变化进行定量分解，将时段分解为 2005—2010 年、2011—2015 年和 2016—2020 年 3 个阶段展开分析，具体结果见表 6-2。其中，橙黄色代表正效应，绿色代表负效应，且颜色越深效应越大。

表 6-2　2005—2020 年山西省碳排放驱动 LMDI 分解结果

LMDI 分解	山西省总体		
	2005—2010 年	2011—2015 年	2016—2020 年
碳排放 / 万 t	12 933	3 029	9 371

LMDI 分解	山西省总体		
	2005—2010 年	2011—2015 年	2016—2020 年
人口 / 万人	2 434	-731	-406
人均地区生产总值 / 元	13 706	16 903	13 315
产业结构 /%	661	-10 861	-456
能源强度 /（t/ 元）	-3 462	-1 603	-2 693
能源结构 /%	-407	-679	-390
	碳排放增长促进因素		碳排放增长抑制因素

山西省 2005—2020 年碳排放量驱动因素分解如图 6-7 所示。

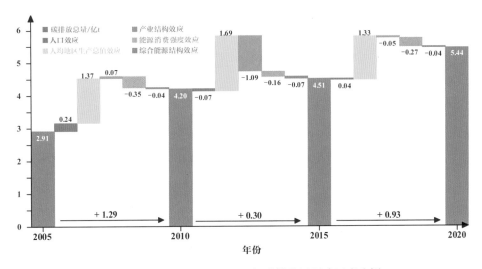

图 6-7　山西省 2005—2020 年碳排放量驱动因素分解

经济发展是碳排放量增长的决定因素，人均地区生产总值效应带动碳排放增量为 43 924 万 t。2005—2020 年，山西省地区生产总值从 4 079 亿元增至 11 840 亿元，实际地区生产总值增长到 17 836 亿元。而人口数量则相对稳定，由 3 355 万人增至 3 490 万人，人均地区生产总值从 2005 年的 1.22 万元上升到 3.39 万元。经济发展是碳排放量增加最主要的拉动因素。具体来看，基于 2005—2020 年的分析，全省地区生产总值每增加 1%，排放量增加 227 万 t；能源消费强度每下降 1%，排放量下降 493 万 t；单位能源消费碳排放每下降 1%，排放量下降 410 万 t。人均地区生产值效应合计带动了全省碳排放量增长 43 924 万 t，占碳排放量变化的 173.4%，而由于人口数量相对稳定，人口效应贡献相对较小，仅增长了 1 297 万 t，占比 5.1%。

以产业结构调整降低碳排放的成效较为显著，总计贡献了 10 656 万 t 减排量。

2005—2020 年，山西省产业结构中第三产业占比逐步增加，电力和工业等第二产业的占比下降。其中，虽然 2005—2010 年产业结构优化不足导致碳排放量上升661 万 t，但是随着时间的变化，产业结构不断进行调整优化，促降效应逐渐增强。2011—2020 年，产业结构的优化带来 11 317 万 t 碳排放下降量，这也证明山西省的产业结构调整成效较为显著。总体而言，产业结构是山西省碳排放最主要的促降因素，2005—2020 年合计带动全省碳排放量减少 10 656 万 t，累计贡献度为 −42.1%。未来山西省应进一步优化产业结构，加大淘汰落后产能和节能减排的力度，以提高产业结构优化对碳排放的抑制性贡献。

能源消费强度是山西省碳排放的重要促降因素，累计带来 7 844 万 t 减排量。由于技术进步，山西省在 2005—2020 年的能源消费强度不断下降。就能源消费强度变化导致碳排放变化而言，除 2008—2009 年、2012 年和 2015—2016 年外，其余年份的变动效应均为负值，累计带来 7 757 万 t 碳排放的下降量。能源强度是山西省碳排放重要的促降因素，累计贡献度为 −30.6%。

能源结构优化对碳排放的下降作用明显，但实际上由能源结构调整带来的碳排放量下降值较低，仅有 1 476 万 t 减排量。能源结构调整因素单指由于部门行业内部用能结构的变化带来的碳排放量变化。对于山西省而言，由于第二产业和第三产业用油和天然气的比例不断增加，除 2012 年和 2018 年以外，其余年份能源结构变化导致的碳排放变化的变动效应均为负值。但总体来看，由于部分行业用能结构相对比较固定，能源结构调整带来碳排放量的变化相对较小，2005—2020 年累计仅带来碳排放 1 476 万 t 的下降量，占比 5.8%，这主要是因为山西省的能源结构改善程度还不明显。因此，未来山西省必定要进一步调整能源占比，优化能源结构，以降低人均碳排放。

2005—2020 年，山西省碳排量变化的主要影响因素为经济发展，即人均地区生产总值对碳排放的拉动作用，而抑制碳排放的主要因素是产业结构与能源强度的优化调整。人口效应和能源结构效应对碳排放的影响不大，相对意义较小。随着经济的不断发展，生态压力将进一步加大，山西省应进一步由注重经济发展速度向高质量经济发展模式转变，调整优化产业结构与能源强度，同时进一步挖掘能源结构对于碳减排的潜力，大力开发新能源，使环境保护和经济发展能够协调。

6.4 排放 - 经济脱钩分析

本节根据 IPCC 最新报告（AR6）提出的构建排放 - 经济脱钩方法，评价山西省和城市的脱钩状态。脱钩指数根据地区生产总值和二氧化碳排放量的变化来计算，见下式：

$$DI = \frac{\Delta G\% - \Delta E\%}{\Delta G\%} = \left(\frac{G_1 - G_0}{G_0} - \frac{E_1 - E_0}{E_0} \right) / \frac{G_1 - G_0}{G_0}$$

式中：DI 为脱钩指数；G_1 为该年度地区生产总值，万元；G_0 为基准年地区生产总值，万元；E_1 为报告该年二氧化碳排放量，万元；E_0 为基准年二氧化碳排放量，万 t。

DI = 1 是绝对挂钩与相对脱钩的转折点，DI 值越大，表明碳排放与经济增长的依赖程度越小；绝对脱钩（DI > 1）是指在地区生产总值增长时二氧化碳排放量下降；相对脱钩（0 < DI < 1）是指二氧化碳排放量增长率低于地区生产总值增长率；未脱钩（DI < 0）即二氧化碳排放量增长与地区生产总值相同或更快。

山西省及其地级市脱钩指数如图 6-8 所示。2005—2010 年，山西省整体处于相对脱钩状态，脱钩指数为 0.28；绝大部分地级市处于未脱钩状态，只有阳泉市和晋中市绝对脱钩，太原市、晋城市和忻州市处于相对脱钩状态。2010—2015 年，山西省整体处于相对脱钩状态，但脱钩指数升至 0.83，比 "十一五" 期间有所增长，经济增长与碳排放依赖程度下降；部分地级市脱钩指数增长较大，如大同市、朔州市由未脱钩转变为相对脱钩，长治市、运城市、吕梁市由未脱钩直接转变为绝对脱钩，其中吕梁市脱钩指数高达 2.98；部分地级市脱钩指数出现下降，碳排放与经济增长的依赖程度反而提高，如太原市由相对脱钩转变为未脱钩状态，晋中市由绝对脱钩直接转变为未脱钩状态。2015—2020 年，山西省整体仍处于相对脱钩状态，但脱钩指数下降为 0.29；相对于 "十二五" 期间，各地级市脱钩程度差距缩小，其中太原市、大同市、阳泉市和朔州市处于绝对脱钩状态，而长治市、晋城市和吕梁市处于未脱钩状态，特别值得注意的是，吕梁市由 "十二五" 期间的绝对脱钩再次转化为未脱钩，且脱钩指数低至 −7.83，这表明吕梁市的碳排放和经济依赖程度较高。

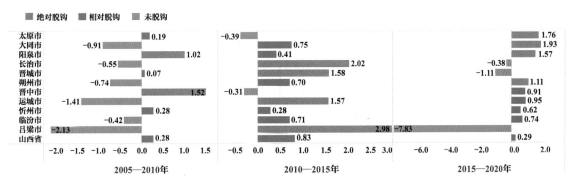

图 6-8　山西省及其地级市脱钩指数

　　山西省一直处于相对脱钩状态，且脱钩指数先增加后减少，表明山西省的二氧化碳排放对经济增长的依赖程度先增强后减弱。但从各城市来看，"十一五"、"十二五"和"十三五"期间，脱钩指数变化较大。例如，大同市从未脱钩向绝对脱钩过渡，"十三五"期间的脱钩指数已经达到 1.93；朔州市也从未脱钩过渡到绝对脱钩，"十三五"期间的脱钩指数已经达到 1.11；吕梁市却从未脱钩变为绝对脱钩状态又转为未脱钩状态，"十二五"期间的脱钩指数升至 2.98，"十三五"期间的脱钩指数又降到 −7.83。

　　根据山西省各地市和全省脱钩系数及碳排放、地区生产总值历史变化趋势，对其脱钩系数变化趋势进行预测见表 6-3。由于城市层面的碳排放和地区生产总值排放受重大项目、产业调整影响较大，对脱钩系数的趋势预测存在较高的不确定性，仅作为参考。其中，太原市、大同市、阳泉市和朔州市已实现脱钩，长治、晋城、晋中、运城等城市将在"十四五"期间脱钩，吕梁市将在"十五五"期间脱钩。

表 6-3　山西省各地市"十三五"脱钩及趋势外推结果

地区	"十三五"脱钩状态	趋势预测脱钩时间
太原市	绝对脱钩	—
大同市	绝对脱钩	—
阳泉市	绝对脱钩	—
长治市	未脱钩	"十四五"期间
晋城市	未脱钩	"十四五"脱钩
朔州市	绝对脱钩	—
晋中市	相对脱钩	"十四五"期间
运城市	相对脱钩	"十四五"期间
忻州市	相对脱钩	"十四五"期间
临汾市	相对脱钩	"十四五"期间
吕梁市	未脱钩	"十五五"期间

第 7 章
山西省的机遇与挑战

7.1 排放绩效对比评估

图 7-1 选择人均地区生产总值、第三产业占比、非化石能源占比、人均碳排放、碳排放强度、人均能耗、能耗强度、煤炭消费占比 8 个指标,将山西省现状水平与全国平均水平进行比较。

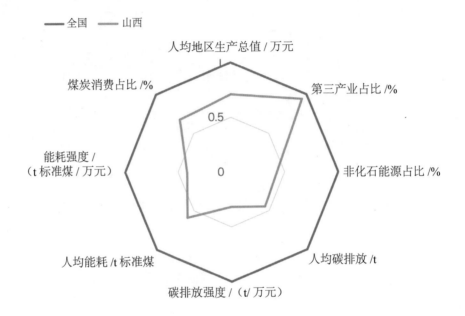

图 7-1 山西省能源和碳排放指标与全国平均水平比较

注:越往外表示该指标数值越大。人均地区生产总值、第三产业占比、非化石能源占比 3 个指标数值越大越优;人均碳排放、碳排放强度、人均能耗、能耗强度、煤炭消费占比 5 个指标数值越小越优。

山西省绝大多数指标都低于全国平均值,仅第三产业占比与全国平均值接近,其余指标均低于全国平均值。在产业结构和经济水平方面,山西省第三产业占比与全国平均值比较相似,但人均地区生产总值只有全国平均值的 71%。这表明山西省产业结构调整还有一定空间,应多投资于高附加值的服务业行业。从能耗指标来看,山西省均低于全国平均水平,尤其是非化石能源占比,不到全国的一半,全国非化石能源消费占比为 15.9%,而山西省只有 6.82%。山西省人均能耗和能耗强度也都比全国水平要高得多,大约是全国的 2 倍。巨大的能源消费给山西省带来非常多的碳排放,因此从碳排放的角度来看,山西省人均碳排放和碳排放强度指标也高于全国平均水平,是全国平均水平的 2 倍以上。

图 7-2 选择山西省周边产业结构较为类似,人口规模、经济规模较为接近的内

蒙古、陕西、新疆作为比较对象。与这些省（区）相比，山西省人均地区生产总值最低，碳排放和能耗与新疆相似，低于内蒙古，但高于陕西。

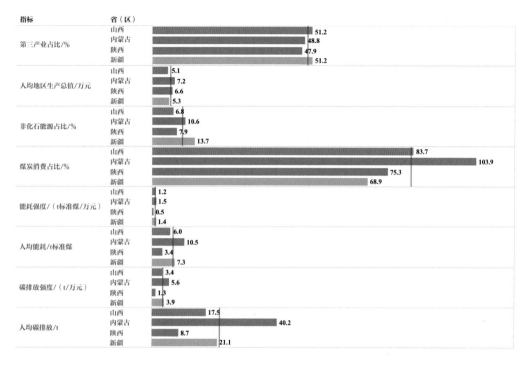

图 7-2　山西省及周边省（区）的能源和碳排放指标与全国平均水平比较

　　根据表 7-1，从能源消费来看，山西省 2020 年消费了约 20 981 万 t 标准煤，与新疆基本相当，略低于内蒙古，约为内蒙古的 83%；人均能耗同样与新疆相似，约是陕西的 2 倍，但低于内蒙古的人均能耗，且山西、内蒙古、新疆的人均能耗均远高于全国平均水平；山西省单位地区生产总值能耗与新疆类似，低于内蒙古，但远高于全国平均水平，是全国平均水平的 2 倍以上。能源结构方面，2020 年山西省煤炭消费量占能源消耗总量的 83.67%，低于内蒙古，但比陕西和新疆占比都要高，且均高于平均水平（56.8%）；非化石能源方面，山西省非化石能源消费占比仅为 6.82%，是全国平均水平的一半，也低于其他 3 个省（区）。从碳排放的角度来说，山西省的碳排放量相对较高，2020 年总排放水平处于全国第六，低于内蒙古，但比陕西和新疆都要高，是陕西的 2 倍左右。山西省的碳排放强度和人均碳排放与新疆相似，但低于内蒙古，比陕西要高得多，大约是陕西的 2 倍。不过这些省（区）的人均排放和强度均要高于全国平均水平。

表 7-1　山西省碳排放现状情况汇总表（2020 年）

指标		山西		内蒙古	陕西	新疆
			备注			
经济社会发展	人口 / 万人	3 492	占全国的 2.5%	2 405	3 953	2 585
	地区生产总值 / 万亿元	1.78	位居全国第二十，占 1.8%	1.73	2.60	1.38
	城镇化率 /%	58.6	全国为 60.60%	67.48	60	52.4
	人均地区生产总值 / 万元	5.11	全国为 7.18 万元	7.18	6.58	5.34
	第三产业占比 /%	51.2	全国为 54.4%	48.8	47.9	51.2
碳排放情况	碳排放量（总排放）/ 亿 t	6.11	位居全国第六（从大到小排列）	9.67	3.44	5.44
	人均碳排放量 /t	17.5	位居全国第四，全国为 7.82 t	40.20	8.71	21.05
	碳排放强度 /（t/ 万元）（2020 年不变价）	3.43	位居全国第四，全国为 1.09 t/ 万元	5.60	1.32	3.94
能源消费	能源消费量 / 万 t 标准煤	20 981	占全国能源消费量的 4.2%	25 346	13 512	18 982
	人均能耗 /t 标准煤	6.01	全国为 3.53 t 标准煤	10.54	3.42	7.34
	能耗强度（t 标准煤 / 万元）（2020 年不变价）	1.18	全国为 0.49 t 标准煤 / 万元	1.47	0.52	1.38
	煤炭消费占比 /%	83.67	全国为 56.8%	103.94	75.26	68.90
	非化石能源占比 /%	6.82	全国为 15.9%	10.62	7.91	13.70
电力	发电量 /（亿 kW·h）	3 395	占全国的 3.1%	5 700	2 426	4 038
	非化石能源发电占比 /%	14	位居全国第二十六	17	14	21
	全社会人均年用电量 /（kW·h）	6 706	全国为 5 319 kW·h	16 218	4 404	11 599
	人均年生活用电量 /（kW·h）	660	全国为 807 kW·h	641	677	493

主要能源和工业大省（区）碳达峰能源结构对比见表 7-2。

表 7-2　主要能源和工业大省（区）碳达峰能源结构对比

时间	能源指标	山西	宁夏	内蒙古	陕西	山东	河北	河南	江苏
2025 年	非化石能源消费比重	12%	15%	18%	16%	13%	13%	比 2020 年提高 5 个百分点	18%
	煤炭消费占比	煤炭消费得到严格控制	煤炭消费增长得到严格合理控制	75% 以下	严格合理控制煤炭消费增长	严格合理控制煤炭消费增长	煤炭消费总量持续减少	煤炭消费持续减少	52%

时间	能源指标	山西	宁夏	内蒙古	陕西	山东	河北	河南	江苏
2025 年	风电、太阳能发电总装机容量	8 000 万 kW 左右	力争 5500 万 kW	新能源装机规模超过火电装机规模				5 000 万 kW	6 300 万 kW
	新型储能装机容量	1 000 万 kW		500 万 kW				220 万 kW	260 万 kW
2030 年	非化石能源消费比重	18%	20%	25%	20%	20%	19%		非化石能源消费比重持续提升
	风电、太阳能发电总装机容量	1.2 亿 kW 左右	7 450 万 kW	2 亿 kW	8 000 万 kW	1.4 亿 kW		8 000 万 kW	9 000 万 kW

7.2 其他区域对山西省产业的影响

针对山西省重点工业行业，如煤炭采选业，石油、炼焦业，非金属矿物制品业，金属冶炼和压延加工品业，电力、热力的生产和供应业，为探究其生产消耗的主要来源，本研究重点引入完全消耗系数（B）表征山西省重点行业对上游部门的完全需求，即生产 1 元的本行业产品会消耗上游不同部门多少元的产品。B 值越大，代表所消耗的上游该部门产品越多，即该部门对山西省行业的影响越大。

对于山西省煤炭采选业对上游部门的完全需求，从区域维度来看，其生产消耗重点源于山西省自身供给（B：0.87），以及河南省、河北省、山东省、辽宁省和天津市等东部地区（B：0.03 ~ 0.05），广东省、上海市、江苏省和安徽省等东南部地区（B：0.03 ~ 0.05）。从行业维度来看，山西省煤炭采选业对上游行业的完全消耗主要源于金属冶炼和压延加工品业（B：0.19），交通运输、仓储和邮政业（B：0.15），电力、热力的生产和供应业（B：0.10）等。从分省份、分行业维度来看，山西省金属冶炼和压延加工品业，交通运输、仓储和邮政业，煤炭采选业，电力、热力的生产和供应业（B：0.08 ~ 0.14）及河南省非金属矿物制品业（B：0.01）对山西省煤炭采选业生产供给的贡献较大。这主要是因为煤炭采选业生产过程中使用的生产设备及相关设备需要消耗电力等能源，对本省和邻近省份（如河南省、河北省）的金属冶炼和压延加工品业，电力、热力的生产和供应业等需求较大。此外，由于行业生产涉及产品运输及存储问题，因此对于交通运输、仓储和邮政行业的需求也较大。山西省及邻近省份煤炭采选业完全消耗系数见表 7-3。

表7-3　山西省及邻近省份煤炭采选业完全消耗系数

省份	行业	完全消耗系数
山西	金属冶炼和压延加工品	0.14
山西	交通运输、仓储和邮政	0.12
山西	电力、热力的生产和供应	0.08
河南	非金属矿物制品	0.01
山西	金属制品	0.01
河北	金属冶炼和压延加工品	0.01
山西	非金属矿物制品	0.01
天津	金属冶炼和压延加工品	0.01

注：山西省某行业完全消耗系数表征该行业对全国各省上游行业的完全需求，即上游行业对山西省该行业的影响。

对于石油、炼焦业对上游部门的完全需求，从区域维度来看，其生产消耗重点来源于山西省自身供给（B：1.09），以及辽宁省、河北省、河南省、陕西省、山东省、天津市和北京市等东部地区（B：0.02～0.04），广东省和上海市等东南部地区（B：0.03～0.05）。从行业维度来看，山西省石油、炼焦业对上游部门的完全消耗主要源于煤炭采选业（B：0.45），交通运输、仓储和邮政业（B：0.16），金属冶炼和压延加工品业（B：0.08）等。特别是从分省份、分行业维度来看，山西省煤炭采选业，交通运输、仓储和邮政业，金属冶炼和压延加工品业，电力、热力的生产和供应业（B：0.06～0.43），辽宁省石油、炼焦产品和核燃料加工品业（B：0.02）和陕西省煤炭采选业（B：0.01）对山西省石油、炼焦业生产供给的贡献较大。其中，由于煤炭是石油炼焦的主要原料和燃料，山西省的煤炭采选业对其影响最大，同时行业生产涉及产品运输及存储问题，因此对于交通运输、仓储和邮政业需求也较大。石油、炼焦业也需要一定的机械设施，所以金属冶炼和压延加工业也对其有一定影响。除本省外，邻近省份（如陕西省）的煤炭采选业对山西省石油、炼焦业的贡献也较大（表7-4）。

表7-4　山西省及邻近省份石油、炼焦业完全消耗系数

省份	行业	完全消耗系数
山西	煤炭采选产品	0.43
山西	交通运输、仓储和邮政	0.13
山西	金属冶炼和压延加工品	0.06
山西	电力、热力的生产和供应	0.06

省份	行业	完全消耗系数
陕西	煤炭采选产品	0.01
河南	非金属矿物制品	0.01

对于非金属矿物制品业对上游部门的完全需求，从区域维度来看，其生产消耗重点源于山西省自身供给（B：0.84），以及河南省、辽宁省、山东省、陕西省、河北省、天津市和北京市等东北部地区（B：0.04～0.18），广东省、贵州省、浙江省和江苏省等东南部地区（B：0.03～0.05）。从行业维度来看，山西省非金属矿物制品业对上游部门的完全消耗主要源于非金属矿物制品业（B：0.16）、煤炭采选业（B：0.16）、化学产品业（B：0.16）及电力、热力的生产和供应业（B：0.15）等。特别是从分省份、分行业维度来看，山西省煤炭采选业，电力、热力的生产和供应业，非金属矿物制品业，化学产品业（B：0.06～0.15），河南省非金属矿物制品业（B：0.10），辽宁省石油、炼焦产品和核燃料加工品业（B：0.04），陕西省非金属矿和其他矿采选产品业（B：0.02）对山西省非金属矿物制品业生产供给的贡献较大。其中，由于煤炭作为非金属矿物制品业的主要燃料，且生产过程中需要消耗大量电力等能源，山西省煤炭采选业及电力、热力的生产和供应业对本省非金属矿物制品业的贡献较大。另外，由于行业存在对非金属矿物制品的再加工，对山西省及邻近省份（如河南省）非金属矿物制品产品的需求较大。此外，由于行业生产涉及产品运输及存储问题，对交通运输、仓储和邮政行业的需求也较大（表7-5）。

表 7-5　山西省及邻近省份非金属矿物制品业完全消耗系数

省份	行业	完全消耗系数
山西	煤炭采选产品	0.15
山西	电力、热力的生产和供应	0.12
河南	非金属矿物制品	0.10
山西	非金属矿物制品	0.06
山西	交通运输、仓储和邮政	0.05
山西	金属冶炼和压延加工品	0.03
陕西	非金属矿和其他矿采选产品	0.02

对于金属冶炼和压延加工品业对上游部门的完全需求，从区域维度来看，其生产消耗重点源于山西省自身供给（B：1.23），以及辽宁省、河北省、山东省、河南

省、天津市、内蒙古自治区和陕西省等东北部地区（B：0.02～0.08），广东省和安徽省等东南部地区（B：0.02～0.03）。从行业维度来看，山西省金属冶炼和压延加工品业对上游部门的完全消耗主要源于金属冶炼和压延加工品业（B：0.41），电力、热力的生产和供应业（B：0.22），金属矿采选产品业（B：0.17），石油、炼焦产品和核燃料加工品业（B：0.13）等。特别是从分省份、分行业维度来看，山西省金属冶炼和压延加工品业，电力、热力的生产和供应业，金属矿采选产品业和煤炭采选业（B：0.12～0.34），辽宁省石油、炼焦产品和核燃料加工品业（B：0.06），河北省金属矿采选产品业（B：0.02）对山西省金属冶炼和压延加工品业生产供给的贡献较大。其中，由于行业存在对金属制品再冶炼加工，对于山西省及邻近省（区、市）（如天津和内蒙古）金属冶炼和压延加工品产品的需求较大。另外，由于金属矿作为金属冶炼和压延加工品业的主要原料，且生产过程中需要消耗大量煤炭、电力等能源，山西省及邻近省份（如河北）金属矿采选产品业，煤炭采选业，电力、热力的生产和供应业对山西省金属冶炼和压延加工品业的贡献较大。此外，由于行业生产涉及产品运输及存储问题，对交通运输、仓储和邮政行业的需求也较大（表 7-6）。

表 7-6　山西省及邻近省（区、市）金属冶炼和压延加工业完全消耗系数

省（区、市）	行业	完全消耗系数
山西	金属冶炼和压延加工业	0.34
山西	电力、热力的生产和供应	0.20
山西	金属矿采选产品	0.14
山西	煤炭采选产品	0.12
山西	交通运输、仓储和邮政	0.04
河北	金属矿采选产品	0.02
天津	金属冶炼和压延加工品	0.01
内蒙古	金属冶炼和压延加工品	0.01

对于电力、热力的生产和供应业对上游部门的完全需求，从区域维度来看，其生产消耗重点源于山西省自身供给（B：1.18），以及河北省、河南省、山东省、陕西省、辽宁省和天津市等东北部地区（B：0.02～0.03），广东省、江苏省和上海市等东南部地区（B：0.02～0.03）。从行业维度来看，山西省电力、热力的生产和供应业对上游部门的完全消耗主要源于煤炭采选业（B：0.39），电力、热力的生产和供应业（B：0.16），金属冶炼和压延加工品业（B：0.11）等。特别是从

分省份、分行业维度来看，山西省煤炭采选业，电力、热力的生产和供应业，交通运输、仓储和邮政业，金属冶炼和压延加工品业（B：$0.08 \sim 0.38$），辽宁省石油、炼焦产品和核燃料加工品业（B：0.01），陕西省煤炭采选业（B：0.01）对山西省电力、热力的生产和供应业生产供给的贡献较大。其中，由于目前火力发电仍然是主要的电力来源，对于山西省及邻近省份（如陕西省）煤炭采选业，石油、炼焦产品和核燃料加工品的需求较大。此外，由于行业生产涉及产品运输及存储问题，对交通运输、仓储和邮政行业的需求也较大（表 7-7）。

表 7-7　山西省及邻近省份电力、热力的生产和供应业完全消耗系数

省份	行业	完全消耗系数
山西	煤炭采选产品	0.38
山西	电力、热力的生产和供应	0.15
山西	交通运输、仓储和邮政	0.08
山西	金属冶炼和压延加工品	0.08
山西	石油、炼焦产品和核燃料加工品	0.01
山西	金属矿采选产品	0.01
陕西	煤炭采选产品	0.01
河南	非金属矿物制品	0.01

7.3　产业发展趋势分析

本节根据山西省产业相关中文公开学术文献（8 213 篇）和山西省近 5 年（2017—2022 年）专利（发明和实用新型，20 597 个）情况，结合山西省各类政府文件和权威研究报告等，基于关键产业预测模块评估和研判了山西省当前产业特征和未来产业发展趋势（图 7-3）。

7.3.1　基于大数据的产业特征现状评估

基于大数据分析，近几年出现词频最高的是"发展"和"经济"两个词汇，与其密切相关的"资源""煤炭""旅游""文化""能源""技术""环境"等重点词汇的出现度也较高，这充分表明山西省经济发展与资源、技术、文化等有重要关系，在关注山西省经济发展的同时，对产业发展涉及的技术、环境等问题也应高度重视，山西省以煤为主的产业特点带来了严重的大气、水、气候变化等环境影响。山西省作为全国首个资源型经济转型综合配套改革试验区、国家能源基地，在做好

图 7-3　山西省产业现状特征（左图）和未来产业发展趋势（右图）

能源保障工作、依托煤炭资源促进经济增长的同时，也要高度重视该省生态环境改善工作。除工业发展受到关注外，以旅游为主的服务业发展也是关注重点。文化旅游业作为山西省战略性支柱产业，"十三五"时期全省服务业增加值由 2015 年的 5 891 亿元增至 2020 年的 9 030 亿元，年均增长 6.5%，服务业增加值占地区生产总值的比重超过 50%，对经济增长的贡献率年均达到 64.3%，成为拉动全省经济增长的主引擎，受到的关注度和重视度越来越高。

从具体产业特征来看，山西省作为全国典型的煤炭大省，毫无疑问"煤炭"是产业发展研究的热点词汇并高频出现，煤炭行业研究与"战略""转型""资源""效率""技术""创新"等词汇紧密结合，这表明如何利用好煤炭，充分发挥资源优势是当前乃至未来一段时期内的研究热点，也是山西省面临的一大难题。山西省"一煤独大"的经济结构问题亟待解决，煤炭价格一旦大幅下跌，山西省的经济就可能断崖式下滑。2021 年，煤价上涨对山西省提升经济效益的贡献异常明显，山西省地区生产总值增长速度为 9.1%，位列全国第三。今后一个时期煤炭作为我国能源"压舱石"的主体地位不会改变，煤炭增产保供仍将是山西省的核心内容，也是经济发展工作最主要的内容之一。通过技术创新、效率提升等提高竞争力，发挥煤炭的资源优势特点是山西省的重点发展目标，反映出该省未来在煤炭领域产业结构调整的重心和发展方向。

除以"煤炭"为代表的工业领域词汇关注度较高外，"旅游"和"文化"词频数量也相对较高。山西省作为黄河国家文化公园、长城国家文化公园与太行山旅游业发展三大国家战略叠加地、核心区，拥有传统音乐、戏剧、曲艺、美术、技艺等大量非遗文化，旅游和文化产业的融合发展是山西省目前的一大优势，受到高度关注和重视。"十三五"时期，山西省特色优势文创产业快速发展，共实现旅游收入 27 283.03 亿元，年均增长 24%（受疫情影响，2020 年未列入平均增幅计算）。"十三五"期间，山西省文化和旅游产业发展呈现方向明、速度快、文旅融合初见成效的特点，文化和旅游仍是重点发展的产业。但是相关研究也表明，山西省在文旅融合、市场主体培育、资金配置等方面仍存在不足，对山西省壮大文旅融合发展形成了一定制约，是下一步产业发展需重点关注和解决的问题。

从大数据分析看，"农业"一词也是近几年出现的高频词汇。农业是人类衣食之源、生存之本，是一切生产的首要条件，农业的发展受区域资源禀赋和产业发展条件限制。虽然山西省是煤炭大省，但农业发展在山西省产业结构中备受关注，2020 年山西省粮食产量为 1 424 万 t，位列全国第十六，实现了 62 万 t 增量，该增量在全国位列第三。农业研究热点问题与"布局""种植""农产品""环境""深加工"等词汇关联出现，表明优化农业生产力布局、转变农业生产方式、农产品质量提升是农业发展的重要方向。

7.3.2 山西省未来产业趋势研判

根据山西省资源优势和产业特点，结合重大科学技术研发和产业中长期发展愿景，充分考虑国家和区域碳达峰碳中和约束下的产业发展宏观趋势特征，以及全球相关产业发展趋势，立足山西省实际综合研判山西省未来产业发展趋势特征。

根据关键产业预测模块分析，新装备、新材料、煤基清洁能源、数字经济等是山西省未来产业的发展方向。未来以电机和传感器为核心的先进制造装备产业是山西省重点发展的方向，新装备作为山西省经济发展的主要抓手，是山西省支柱产业发展的重要保障，对山西省整体转型发展意义重大，与之关联紧密的热点词"智能""质量""数据"等显示出新一代信息技术和新一代人工智能技术将在制造和装备行业发挥非常关键的作用。煤炭行业发展依然是山西省提高资源省份竞争力的主力军，与之相关的"能源""煤矿""智能""原料""效率""煤层气""工艺"等关键词汇充分体现出山西省在煤炭领域的发展方向。山西省将立足煤炭资源优势，建立煤炭绿色开发利用基地，依托资源禀赋，通过技术创新、先进技术应用等在做好能源保供的同时，以煤炭清洁高效利用作为煤炭行业发展的主攻方向。"材料""纤维""金属""生物"等热词表明新材料产业是山西省未来产业发展的重要方向，通过技术创新、高端供给能力建设、产业链条配套等推动碳基新材料、生物基新材料产业快速发展。"太阳能""风机""发电"等热词表明山西省在光电产业、光伏产业中也将加速发展。"双碳"目标下能源结构调整给新能源发展带来了契机，山西省拥有丰富的太阳能和风能资源，风电、光伏发电装机规模分别位列全国第四和第六，总装机位列全国第五，太阳能、风能发电将成为电力系统的主力电源。"甲醇""电动""电池"等热词体现出山西省在智能网联新能源汽车行业中加速突破，以电动、燃料电池、甲醇为牵引，上下游配套协作的产业格局逐步形成，自动驾驶、智能交通融合发展的新业态将持续构建。

在数字经济方面，"数据""计算""信号"等热词充分体现出未来山西省将进一步做大做强数字经济，继续发挥数字经济推动经济高质量发展的引擎作用。"十三五"期间，山西省出台支持数字经济高质量发展的"一揽子"政策措施，数智赋能三次产业实现跨越发展。基于发展势头和优势，到 2025 年全省数字经济迈入快速扩展期，围绕数字产业化和产业数字化协同发展，随着百度云计算（阳泉）中心二期、山西中交高速数据中心、大同云中 e 谷大数据中心、环首都—太行山能源信息技术产业基地等项目的建设，数字基础设施将进一步完善，数字经济与社会各行业领域深度融合，将带动传感器和智能硬件产业规模化发展，推进光电信息产业集聚发展、半导体高端核心产业快速发展等。

7.4 挑战和机遇

建设国家资源型经济转型综合配套改革试验区是习近平总书记和党中央赋予山西省的重大使命。2017 年 9 月，国务院印发《国务院关于支持山西省进一步深化改革促进资源型经济转型发展的意见》（国发〔2017〕42 号）；2019 年 8 月，中共中央办公厅、国务院办公厅印发《关于在山西开展能源革命综合改革试点的意见》。山西省委、省政府深入贯彻习近平总书记视察山西重要讲话精神，落实新发展理念和中央文件精神，争当"全国能源革命排头兵"，抓住山西省煤炭产业转型发展难得的历史机遇。2020 年 5 月，习近平总书记再次来山西考察并作出一系列重要指示：长期以来，山西兴于煤、困于煤，"一煤独大"导致产业单一；山西要有紧迫感，更要有长远战略谋划，正确的就要坚持下去，久久为功，不要反复、不要折腾，争取早日蹚出一条转型发展的新路子。这为山西省煤炭行业发展指明了方向。实现碳达峰碳中和是一场广泛而深刻的经济社会变革，在这场变革中，山西省作为能源生产和消费大省，实现"双碳"目标既是挑战也是机遇：山西省碳排放位于全国前列，在不到 7 年时间实现碳达峰任务异常艰巨，但同时这也将为"一煤独大"的山西带来能源、产业结构的根本变革，迎来经济新业态。

7.4.1　挑战

当前山西省经济发展不平衡、不充分、不协调问题仍然突出，城镇化水平和居民可支配收入与发达国家及国内先进省份相比仍有较大差距，未来较长一段时间内促进经济发展和居民生活水平提升仍是山西省发展的第一要务，随着经济的快速增长及工业化、城镇化的加快推进，能源消费总量和二氧化碳排放总量快速增长的压力将持续存在。

一是山西省面临高质量实现碳达峰的现实需求与国内能源保供之间的矛盾。从碳排放结构来看，山西省能源活动排放占总排放的 89%（其中煤炭占能源活动排放的 92%，天然气和油品分别约占 4% 和 4%），工业过程排放占 11%。能源活动中电力、工业部门碳排放贡献最大，分别占碳排放总量的 47% 和 36%，电力和工业部门碳排放控制力度是能否如期实现达峰的关键。山西省作为国家重要综合能源基地和电力外送基地，承担着保障国家能源安全的重要任务，煤炭保供由阶段性保供转为常态化保供。在当前碳达峰碳中和大背景下，各地纷纷通过"去煤化"降低煤炭消费量，调整能源结构降低碳排放量，通过低碳转型发展实现"双碳"目标。而山西省也同样面临能源低碳发展的诉求，"十三五"期间，虽然煤炭在一次能源消费中的占比逐步下降，但是电煤在煤炭消费中的占比超过 50%。面对当前全球能源危机形势及实现碳达峰的迫切需求，山西省承担国家能源安全稳定供应的兜底保障作用进一步凸显，国家对山西省煤炭和煤电行业的发展也提出了更高要求。山西省以煤为主的基本省情短期内不会改变，极有可能成为国内煤炭生产最后退出的省份之一，将面临实现碳达峰碳中和时间滞后于全国的风险，这将对山西省的低碳转型形成严重制约。虽然近些年山西省逐步调整以煤炭为主的能源结构，摆脱对煤炭的依赖，正在向以新能源为主体的新型电力系统转型，但随着高比例新能源的接入，山西省电力系统平衡、调节和支撑能力面临更高要求，目前电源结构与负荷结构时空错配严重，发电侧现有调节能力及潜力不足以支撑新型电力系统的安全稳定运行。此外，对于煤炭企业来说，扩大煤炭产能、增加产量短期内能够增加社会能源供应，有效拉低整体能源成本，但从长期来看与我国"双碳"目标中压降煤炭等高碳排放能源消费占比的要求相冲突，煤炭企业增产面临"两难"困境，这同样也是山西省面临的矛盾。如何处理好能源保供和高质量达峰之间的平衡，推动煤电与新能源电力的高效协同发展，是山西省面临的严峻挑战。

二是面临经济高质量发展的迫切需求与结构转型难度大的矛盾。2020 年，山西省第二产业占比高于全国平均水平约 10 个百分点，"两高一资"产业占较大比重。工业增加值中，重工业贡献比重达 92%，而碳排放特征突出的电力、煤炭、炼焦、化工、钢铁、建材等山西省经济发展的支柱产业工业增加值合计占总工业增加值的 75% 以上，其中山西煤炭工业增加值在规模以上工业中的占比更是达到 52.6%，山西省煤炭、焦炭、钢铁产量位居全国前列，火电发电量位列全国第六，"一煤独大"的经济发展方式形成了山西省重要的经济发展支柱。对于经济总量不大并且正在处于经济快速发展阶段的山西而言，在"双碳"目标下支柱性产业结构转型对经济发展将造成巨大的冲击，短期内实现高碳产业转型发展必将是艰难的过程。另外，受海外能源价格持续处于高位、国内供给有限扩张的影响，2021 年全国能源煤炭需求大幅增加，国内煤价显著走高。在煤炭产业经济复苏的影响下，2021 年山西省地区生产总值较 2020 年增加 9.6%，远高于上一年 3.6% 的增长，其中第二产业增加值增长 10.2%，远高于上一年的 5.5%，占地区生产总值的比重为 49.6%，其中煤炭工业贡献了工业增加值的 50% 以上，未来各地能源需求必将大幅下降，山西省以煤为主的经济发展结构将受到冲击影响。"十四五"期间，山西省仍将大量上马电力、钢铁、焦化、煤化工等"两高"项目，进一步加剧产业结构性问题，对产业转型升级和高质量发展形成严重制约，新增项目用能以煤炭为主，高耗能行业能耗上升势头未得到根本遏制，"十四五"期间降低煤炭占一次能源消费的比重将更加困难，这会进一步加重以煤为主的能源结构，形成二氧化碳排放锁定，对碳达峰碳中和造成严峻挑战。

三是面临亟须用好煤炭与煤炭发展路径不明之间的矛盾。作为资源型省份，山西省以煤为主的基本省情不会改变，守牢能源安全底线是国家赋予山西的重大责任，但从远期来看，随着全国煤炭消费需求的下降，在山西省煤炭外调量大幅降低的形势下，煤炭资源优势将不复存在，因此如何利用煤炭资源保障山西经济发展和竞争优势，是在当前形势下迫切需要考虑和解决的问题。目前，山西省的煤炭绝大多数是直接供出或在省内以燃料形式消耗，其中 90% 以上的煤炭被用作燃料，电力占比 50% 左右，如何将燃料依赖转变为原料依赖，是远期山西省提高资源型省份竞争力的关键。目前，山西省在煤炭原料化利用途径中，传统煤化工以化肥、甲醇、聚氯乙烯等初级型产品为主，产品附加值较低，煤制油、煤制乙二醇等现代煤化工产品投资及运行成本高，导致产品处于竞争劣势，煤炭行业发展途径亟须明确。产业集中度和附加值尚须提高，煤炭分质分级梯级利用成效不明显，煤炭产品深加工、精加工和转化率还不够高，产品附加值和科技含量依然较低，煤炭产业多元化、延伸发展、循环发展任务艰巨；清洁高效技术支撑体系尚不健全，在煤炭绿色开采、煤层气开发利用、煤炭清洁高效利用、煤炭加工转化、煤机高端装备制造等关键领域重大技术缺乏突破。

7.4.2　机遇

　　碳达峰碳中和既是经济发展到新阶段的一个更高要求，也是摆脱对资源高强度依赖的机会。山西省作为国家重要的能源和战略资源基地，在保障国家能源安全、畅通经济大循环方面具有十分重要的地位，碳达峰碳中和将有力推动山西省资源型经济转型，以增强生存力、发展力为方向改造提升传统优势产业，以加快集群化、规模化为方向发展壮大战略性新兴产业。在"双碳"目标强有力的预期引导和带动下，将推动技术结构、产业结构、发展方式的重大变革，新能源行业、储能行业、CCUS 等零碳和负碳技术排放行业将迎来快速发展，加速推进山西省高质量发展进程。

　　一是倒逼"一煤独大"的产业发展模式向"八柱擎天"转变，为培育壮大数字经济、新材料等新经济增长点迎来机遇。为深入实施创新驱动发展战略，山西省成立了大数据、新基建、数字政府等领导小组，出台了《山西省大数据发展应用促进条例》《山西省促进大数据发展应用的若干政策》《山西省加快推进数字经济发展的实施意见》《山西省加快推进数字经济发展的若干政策》《山西省数字政府建设规划（2020—2022 年）》《山西省加快数字政府建设实施方案》等相关政策，将电力优势转化为电价优势，以 0.3 元 /（kW·h）电价重点支持大数据融合创新、信息技术应用创新等战略性新兴产业发展。碳达峰碳中和必然带动新兴产业的快速发展，新产业、新业态、新模式将不断涌现，产业加速迭代变革深入推进，加快布局新基建、突破新技术、发展新材料、打造新装备、研发新产品、培育新业态，积极发展"蓝色经济",成为信创产业、碳基新材料、特种金属材料、合成生物产业国家级研发制造基地。"一煤独大"的发展模式向"八柱擎天"转变,带来绿色低碳产业在经济总量中的比重大幅提升。依托资源优势,为山西省能源化工产业深度发展创造机遇。在当前新形势下,我国始终强调"将能源的饭碗端在自己手里",2021年中央经济工作会议更进一步提出了"正确认识和把握初级产品供给保障"的重大理论问题,在"十四五"及相当长的一段时间内,能源安全、产业链和供应链安全将始终是我国重要的保障方向之一。在能源化工产业发展方面,山西省具有绝对的资源优势,作为全国重要的能源化工基地,山西省未来发展不能抛弃煤炭,而应依托现有煤炭资源和产业优势,在现代煤化工的基础上进行产业链延伸,突出产业特色,将煤炭从燃料向原料、材料、产品转变,凸显其在煤炭领域的竞争力。

二是为太阳能、风能等清洁能源发展创造机遇。目前,我国正处于工业化中后期和城镇化快速发展的阶段,制造业强国的发展目标决定了第二产业用电仍将维持刚性增长;以大数据、互联网、人工智能为代表的战略性新兴产业将带动第三产业用电的持续快速增长;人民对美好生活的向往还将推动我国居民用电的稳步增长,山西省外送电基地的定位不会改变。山西省可再生能源优势明显,风光等新能源和可再生能源资源丰富,因靠近京津冀电力负荷中心且处于华北特高压交流环网节点上,山西省的风光电具备良好的外送条件,风电、光伏发电大规模并网消纳对电力系统的灵活性和调节能力提出了新的要求。为全面增强电源与用户的双向互动,提升电网互济能力,实现集中式和分布式供应并举、传统能源和新能源发电协同,增强调峰能力建设,提升负荷侧响应水平,建设高效智能电力系统成为必然选择。

三是依托资源优势,在能源重大技术突破、煤层气勘探开发、氢能利用等方面提供战略机遇。推进煤炭清洁高效利用是推动能源绿色低碳转型、实现"双碳"目标的重要途径。山西作为煤炭大省,经济发展离不开煤炭,如何做好煤炭这篇文章,依据资源优势提高竞争力,煤炭清洁高效利用必将是其有力抓手,因此应抓住转型发展的新机遇,加大资金与科技支撑力度,攻克技术难关,实现煤炭绿色开采、清洁高效利用,促进煤炭产业的持续发展,充分发挥山西省作为国家能源革命综合改革试点的创新驱动和示范带动作用,在技术创新上取得核心工艺突破,在产业结构上实现高端化延伸,在发展方式上向绿色化发力,在企业培养上打造一批具有国际竞争优势的标杆企业,多方发力开创煤炭清洁高效利用、高质量发展新局面。"双碳"目标的实现过程是企业科技创新水平"弯道超车"的重要窗口期,激励企业基于需求导向,围绕突破山西能源生产、工业、建筑等重点领域实现碳达峰碳中和的重大技术需求和瓶颈,加强技术研发创新,实现自身节能减排与技术转型升级双赢。

推广应用 CCUS、智能电网等技术。鼓励引导企业主动与前沿技术研发的高等院校、科研机构合作对接，开展光伏、氢能、储能、CCUS 等领域技术创新研究与转化。积极参与国际科技交流与合作，加强同各国科研人员联合研发，深化碳减排技术转移和交流，积极引进、消化、吸收国际先进低碳、零碳、负碳技术。

第 8 章

山西省 2020—2060 年排放情景

8.1　基本参数

8.1.1　社会经济

本研究基于山西省近年来经济社会、人口发展趋势，参考《山西省国民经济和社会发展第十四个五年规划和 2035 年远景目标纲要》及山西省"十四五"能源、产业等相关规划，结合山西省中长期经济、产业相关研究结果，预测山西省 2025—2060 年经济社会发展的主要指标，设定山西省碳达峰碳中和情景分析基本参数，见表 8-1。

表 8-1　山西省社会经济发展参数预测

指标	2020 年	2025 年	2030 年	2035 年	2040 年	2050 年	2060 年
人口 / 百万人	34.9	35.7	35.8	35.5	35.0	33.7	31.3
地区生产总值 / 万亿元	1.77	2.59	3.68	4.90	5.82	6.61	7.16
常住人口城市化率 /%	62.53	68	70	72	74	77	77
全社会用电量 / （百亿 kW·h）	23.4	29.3	35.3	40.0	43.7	48.3	48.5
发电量 / （百亿 kW·h）	34.3	50.3	56.1	62.1	65.2	70.4	72.2

数据来源：1. 人口：以山西省 2021 年统计年鉴人口数据为基础，2025—2060 年人口数据参考 SSP2-RCP6 情景并结合山西大学相关研究、国务院印发的《国家人口发展规划（2016—2030 年）》等预测。

2. 地区生产总值：2035 年以前的数据来自《山西省国民经济和社会发展第十四个五年规划和 2035 年远景目标纲要》；2050 年的数据根据国家"两个一百年"奋斗目标要求估算，2050 年较 2020 年翻两番，通过地区生产总值 / 人口测算人均地区生产总值为 19.64 万元，基本符合翻两番的目标；2040—2060 年地区生产总值增速参考中国工程院项目"我国碳达峰、碳中和战略及路径研究"项目综合报告，基于不同阶段地区生产总值增速测算地区生产总值总量。

3. 常住人口城镇化率：2025 年数据来自《山西省国民经济和社会发展第十四个五年规划和 2035 年远景目标纲要》；2030—2060 年参考中国工程院项目"我国碳达峰、碳中和战略及路径研究"项目综合报告。

4. 全社会用电量：2025 年和 2030 年数据根据华北电力大学预判和全球能源互联网发展合作组织《中国 2030 年能源电力发展规划研究及 2060 年展望》（全球能源互联网发展合作组织，2021）；2035 年后数据根据清华大学"中国长期低碳发展战略与转型路径研究"、国网能源院"中国能源电力发展展望（2020）"判断常规情景下的增速平均值，结合全球能源互联网发展合作组织的中国 2030 年能源电力发展规划研究及 2060 年展望具体研判用电增速。

5. 发电量：根据专家预测及中国工程院项目"我国碳达峰、碳中和战略及路径研究"项目综合报告研判。

根据相关研究，2020—2030 年山西省人口保持一定的增加速度，2030 年前后人口达到峰值，此后逐年下降；2020—2035 年，山西省经济处于高速发展阶段，地区生产总值保持较快增速，2035 年后增速放缓；山西省人均地区生产总值保持稳定快速增长，增速逐年下降，2035 年后全省经济总量增速下降。全社会发电量随着经济发展呈逐年增加趋势，山西省城镇化水平稳步提高，与全国基本持平。

8.1.2　碳汇情景

山西省森林碳密度（2 579.6 tC/km²）远小于全国平均植被碳密度（3 470.5 tC/km²）和全球森林平均碳密度（8 600 tC/km²）。幼龄林和中龄林在山西省乔木林中占比绝对大（69.01%）。幼、中龄林面积所占比例较高是导致山西省森林碳储量和碳密度较低的主要原因，意味着未来几十年内山西省的森林生物量碳储量在总体上将持续增加。

根据 CAEP-CP-SX 2.0 模型中的森林碳汇评估（Forest C）模块，未来 40 年山西省乔木植被生态系统有较好的增汇功能（表 8-2）。阔叶林、人工针叶林、天然针叶林、针阔叶混合林、人工针阔叶混合林等的碳汇作用可能在 2055 年后逐渐减弱，尤其是人工针阔叶混合林到 2065 年可能表现为碳源。若是以 2055 年为基期，则阔叶林、人工针叶林、天然针叶林、针阔叶混合林、人工针阔叶混合林等类型在随后年份表现为碳源。阔叶林、天然阔叶林、天然针阔叶混合林等林分的碳汇功能保持上升趋势。

表 8-2　山西省 2020—2060 年林地碳汇潜力

单位：亿 tCO₂/a

年份	上限	下限	平均
2020	0.33	0.33	0.33
2030	0.54	0.46	0.50
2040	0.68	0.56	0.62
2050	0.75	0.65	0.70
2060	0.72	0.58	0.65

根据《山西省生态功能区划》，未来山西省林业生态省建设的总体布局是以汾河两岸为中轴线，以太行山和吕梁山为重点，集中建设四大生态屏障，发展五大产业集群，推进城乡全面绿化。四大生态屏障是指晋北晋西北防风固沙林区、吕梁山黄土高原水土保持林区、太行山土石山水源涵养林区、中南部盆地防护经济林区。因此，碳汇增加的主要区域也将是太行山、吕梁山地区和四大生态屏障区域。

8.2　山西省碳排放情景综合模拟

本研究基于 CAEP-CP-SX 2.0 综合路径模型，充分考虑社会经济发展、"双碳"

目标等约束，结合山西省发展定位和发展愿景构建基于部门／重点行业的中长期排放情景，同时充分考虑山西省行业特征和发展定位与趋势，定量评估行业或领域（工业、交通、建筑、农业、碳汇等）情景关键参数变化，包括能效水平、技术成熟度、市场渗透、技术成本、能源结构等，通过数百次大量模拟，并就模型结果多次与山西省发展和改革委员会、山西省能源局、山西省政府决策咨询委员会、山西省生态环境保护服务中心等政府部门和决策支撑机构对接讨论，同时结合重点企业，包括能源领域（焦煤集团、中煤集团山西华昱能源有限公司、晋控煤业集团、山西国金电力有限公司、山西国锦煤电有限公司、格盟国际能源安咨公司、山西大唐国际云冈热电有限责任公司、山西焦化集团有限公司等）和工业领域［太原钢铁（集团）有限公司、山西东义煤电铝集团有限公司、山西晋南钢铁集团有限公司、潞安化工集团有限公司、山西丰喜肥业（集团）股份有限公司、阳煤集团太原化工新材料有限公司等］的生产和技术现状及未来发展规划等，反复优化和迭代模型，最终选取基准、调控、强化 3 种情景作为山西省中长期排放的主要情景（图 8-1）。

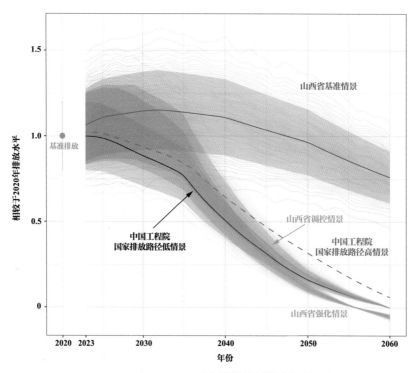

图 8-1　山西省排放情景综合模拟

　　根据表 8-1，基准情景设定考虑山西省保持近年来高经济增长速度，主要参数按照当前发展趋势和能源结构水平设定，不考虑在 2060 年完成碳中和目标，模拟了 2020—2060 年碳排放整体变化情况，总体上碳排放量较高，在 2060 年温室气体排放总量在 2 亿 t 左右，无法实现碳中和目标。调控情景和强化情景在山西省当前发展趋势的基础上，综合考虑"双碳"目标约束，能源结构改善力度更大，碳排放总量显著下降，2060 年温室气体排放量均降至 1.52 亿 t 以下。总体来说，两个系列情景在 2030 年前接近，碳排放总量预计于 2026—2029 年实现达峰，峰值相差不大，主要区别在 2030 年后的碳排放下降速率。调控情景更多考虑 CCUS 等技术应用，为末端碳移除带来可能，因此碳排放下降速率较慢且 2060 年的排放相对较高，温室气体总排放量预计在 1.5 亿 t 左右；强化情景考虑到碳移除技术的不确定性因素，降低了对技术的依赖程度，更多考虑源头替代和结构改善措施，更多关注源头减排、新能源技术发展，温室气体排放量在 2060 年降至 1.1 亿 t 左右（表 8-3）。

表 8-3　山西省情景模拟设定依据

情景名称	情景特点	设置考虑
基准情景	当前发展模式，碳达峰碳中和滞后	• 依据当前发展趋势构建未来社会情景参数 • 能源结构和产业结构调整与当前政策保持一致 • 考虑新增项目贡献
调控情景	控制模式，碳达峰碳中和目标与全国基本一致	• 在全国自上而下碳达峰碳中和路径约束下进行山西省未来情景构建 • 充分考虑中国"双碳"目标等约束 • 考虑在基准情景的基础上加强行业先进绩效水平、技术减排潜力和成本、可行性等因素
强化情景	严格控制模式，达峰和中和时间更早	• 在调控情景基础上假定技术突破更加彻底，实现更高的减排潜力和更低的减排成本，先进变革技术带来更大幅度的减排，技术求优模拟改进 • 新能源发展更加迅速，非化石能源贡献进一步上升 • 需求侧控制更加严格，排放抑制更加明显 • "双碳"目标进一步领先全国目标

8.2.1　基准情景（当前发展模式）

基准情景设定考虑山西省保持近年来高经济增长速度，主要参数按照当前发展趋势和能源结构水平设定。经济增速基于《山西省国民经济和社会发展第十四个五年规划和 2035 年远景目标纲要》发展情况确定，具体参数设定主要参考《中共中央关于制定国民经济和社会发展第十四个五年规划和二〇三五年远景目标的建议》等文件。

在基准情景下，山西省总碳排放将在 2021—2032 年继续上升，预测达峰时间为 2031—2032 年，随后在 2032—2035 年进入稳中有降阶段，到 2035 年降至 6.88 亿 t。山西省温室气体净排放（包括二氧化碳排放、非二氧化碳温室气体排放、森林碳汇及 CCUS 碳移除吸收）到 2030 年、2040 年、2050 年和 2060 年分别降至 8.81 亿 tCO_2e、6.57 亿 tCO_2e、3.24 亿 tCO_2e 和 0.98 亿 tCO_2e，无法实现碳中和目标。

8.2.2　调控情景

调控情景根据 CAEP-CP-SX 2.0 模型，采用自上而下方法以中国工程院重大专项"我国碳达峰、碳中和战略及路径研究"（2021-HYZD-14）为约束，充分考虑社会经济发展、"双碳"目标等约束，同时考虑技术可达性、措施可行性等因素，通过反复迭代优化形成基于行业 / 领域的山西省碳排放达峰情景。

在调控情景下，山西省总碳排放将在 2021—2029 年持续上升，预测达峰时间为 2028—2029 年，随后进入下降阶段，到 2035 年降至 5.96 亿 t。相较于基准情景，调控情景可以实现更早的达峰和更低的峰值排放量。山西省温室气体排放将在 2024—2025 年达峰，随后进入下降阶段。2035 年后，随着结构调整和减排措施的进一步加强，电力、工业等排放持续降低，山西省最终将在 2060 年前后实现碳中和，2060 年温室气体排放总量预计为 1.52 亿 tCO_2e，通过 CCUS 技术和碳汇实现碳中和。

8.2.3　强化情景

强化情景根据 CAEP-CP-SX 2.0 模型，采用自上而下方法以中国工程院重大专项"我国碳达峰、碳中和战略及路径研究"核心结论为约束，充分考虑社会经济发展、"双碳"目标等约束，通过反复迭代优化形成基于行业 / 领域的山西省碳排放达峰情景。在碳中和期间更多地关注需求方面的控制措施，碳排放需求相对减少，新能源开发增加。

在强化情景下，山西省总碳排放将在 2021—2027 年小幅上升，在 2026—2027 年前后达峰，随后开始进入快速下降阶段，到 2030 年和 2035 年分别降至 6.43 亿 t 和 5.52 亿 t。山西省温室气体排放与碳达峰情景类似，现阶段保持稳定，在 2024—2025 年前后达峰，随后进入下降阶段。2025 年后，山西省采取更大力度的能源结构调整和减排措施，电力、工业等部门的排放降低幅度更大，非二氧化碳排放管控更加严格，山西省将在 2056 年前后通过碳汇实现碳中和，温室气体排放总量预计为 1.41 亿 tCO_2e，碳汇吸收为 58.7 亿 tCO_2e。到 2060 年，温室气体净排放降至 −0.42 亿 tCO_2e。

第 9 章

山西省碳达峰路径

9.1　碳达峰路线图

本章基于 CAEP-CP 2.0 碳排放调控情景，以中国工程院重大专项"我国碳达峰、碳中和战略及路径研究"为约束，充分考虑社会经济发展、"双碳"目标等约束，通过空间公平趋同模块（SEEC），利用祖父原则、人均公平原则和减排效率原则，构建山西省部门／重点行业的碳排放强化达峰路径。根据达峰情景预测的结果，山西省 2030 年和 2035 年非化石能源消费比重分别达到 18% 和 30% 以上，2030 年和 2035 年单位地区生产总值碳排放强度相较 2020 年分别下降 35% 和 49%，相对低于全国同期平均水平。

在碳达峰路径下，山西省煤炭的主体能源地位依然不变。为发挥好山西省作为国家煤炭"压舱石"的作用，"十四五"期间煤炭生产仍持续增加，从 2020 年的 10.8 亿 t 增至 2025 年的 14 亿 t 左右，2030 年和 2035 年分别达到 10.4 亿 t 和 9.3 亿 t。煤炭消费占比持续下降，从 2020 年的 83.9% 降至 2025 年的 75%，2030 年和 2035 年分别为 69.5% 和 57.4%。随着发电量的增加，发电用煤在煤炭消费量中的占比从 2020 年的 41% 增至 2030 年的 49%。为发挥好煤电基础性调节性作用，打造国家能源保供基地，山西省外调电量将持续增加，从 2020 年的 1 053.6 亿 kW·h 增至 2035 年的 1 925 亿 kW·h。非化石能源消费稳步上升，油品消费占比将缓慢下降。第三产业占比将在"十五五""十六五"期间快速提升。人均碳排放和碳排放强度实现稳步下降。基于降强度、增风光的能源结构改善路径，山西省将结合大力发展数字经济、新材料等新兴产业的产业结构转型路径，实现"双结构"推动下的高质量碳达峰目标。

为此，山西省一方面要建立以煤电为主体、风光加速发展为重要补充的能源结构。2030 年，从能源供给端来看，相较 2020 年的煤炭占比有明显下降；风光发电量大幅增加。从消费端来看，电力、工业消费侧占比大幅增加，工业、交通和建筑用电增速较快。全社会能源结构得到明显改善。另一方面，要实施以工业降碳为主、交通火电降碳为辅的行业高质量降碳路径。从分部门来看，山西省碳达峰路径的主要碳减排量来源于电力和工业。通过分行业、分部门采取减排措施，将有效避免全省峰值过高和达峰年过晚。

图 9-1 展示了山西省 2030 年的能源流通情况，图 9-2、表 9-1 分别给出了山西省 2020—2035 年的达峰路径和主要部门减排，以及各阶段关键指标。

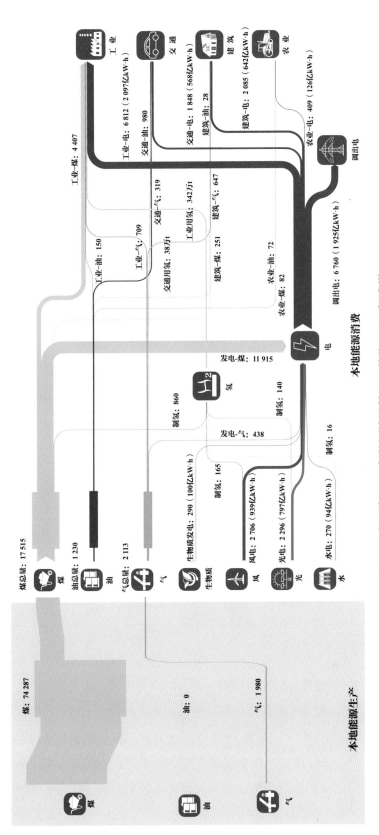

图 9-1　山西省 2030 年能源流通情况（单位：万 t 标准煤）

注：制氢包括化石能源、化石能源 +CCUS 和工业副产氢。

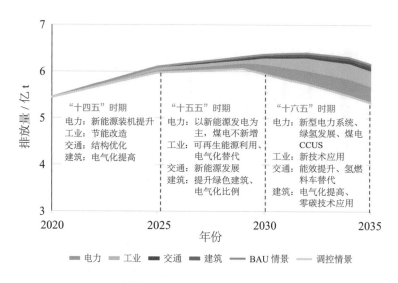

图 9-2　山西省碳达峰路径和主要部门减排（不含间接排放）

表 9-1　碳达峰路径下山西省 2020—2035 年各阶段关键指标

关键参数	2020 年	2025 年	2030 年	2035 年
年均地区生产总值增速 /%	3.6	8	7.23	5.9
能源消费量 / 亿 t 标准煤	2.12	2.33	2.67	2.74
碳排放总量 / 亿 t	6.1	6.7	6.7	6
煤炭消费占比 /%	83.9	75	69.5	57.4
油品消费占比 /%	4.0	5.0	4	3.8
天然气消费占比 /%	4.6	8	8.5	8.8
非化石能源消费占比 /%	7.5	12	18	30
外调电量 /（百亿 kW·h）	10.5	17.5	19.3	19.3
人均能耗 /t 标准煤	6.07	6.53	7.47	7.71
人均碳排放 /t	15.6	16.8	16.6	15.0
单位地区生产总值碳排放强度下降率（相对 2005 年）/%	36	52	66	77

9.1.1　电力部门

　　山西省电力部门的达峰路径以保供能源安全为约束。目前，山西省电力行业绝大部分重点排放单位已经被纳入全国碳市场，所以未来山西省电力行业主要受全国碳市场的影响。在碳市场约束下，未来 15 年我国火电行业单位发电量碳排放量预计每 5 年下降 3%、6%、6% 左右。在全国碳市场的约束下，山西省火电企业的发电强度预计将以每年 0.5% 的速度下降。在全国碳市场和山西省达峰路径的双重约束下，电力部门碳排放量将在 2021—2030 年逐步上升，并在 2029 年前后实现达峰（约

3.15 亿 t），相较其他部门达峰时间较晚，随后在 2030—2035 年进入逐步下降阶段，到 2035 年降至 2.95 亿 t。

达峰路径下的电力部门减排主要由能源替代和节能降耗实现。提高水电、风电、太阳能和生物质发电是电力部门减少二氧化碳排放潜力的关键措施。此外，通过节能降耗可以实现有效的二氧化碳减排。调控情景下，上述减排措施合计在 2035 年将比基准情景减少二氧化碳排放 0.35 亿 t 左右。

达峰阶段山西省各类清洁能源形势均有显著增长，但以风电、光伏为主导的清洁能源在整个新型电力系统内的占比将超过 50%，月度电力消费缺口凸显，在每年 10 月至次年 2 月的风光出力低谷期需要通过其他能源形式进行补足调节，老旧火电机组灵活性改造比例进一步提升；储能随着技术进步、成本降低得到进一步发展，除起到满足平抑风电、光伏波动性的作用外，在午间高出力期需要匹配负荷情况进行调峰调频。

图 9-3 和图 9-4 分别给出了 2030 年山西省典型日（24 h）和逐月电力供给与消纳匹配情况，表 9-2 展示了山西省 2030 年的电力结构。

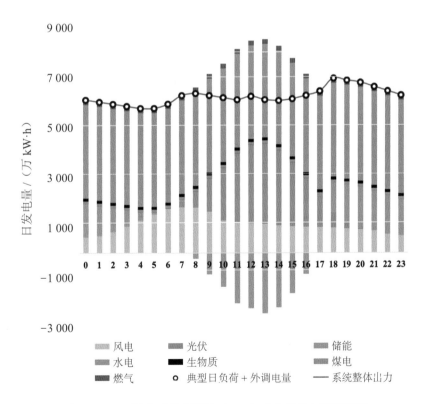

图 9-3　2030 年山西省典型日（24 h）电力供给与消纳匹配

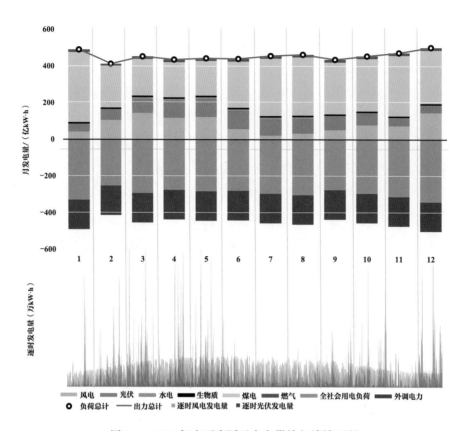

图 9-4 2030 年山西省逐月电力供给与消纳匹配

表 9-2 山西省 2030 年电力结构

项目	装机容量 / 百万 kW
煤电	89.0
燃气	4.8
风电	45.0
太阳能	75.0
水电	4.93
生物质	2.0
储能系统	15.75
火电灵活性改造	2.53

考虑在碳达峰阶段煤电、燃气等传统化石能源仍处于增长阶段，通过不断提升非化石能源在整体电力系统内的出力及消纳比例，可以形成以非化石能源为主的绿色电力系统，煤电出力应通过针对老旧机组的灵活性改造实现与整体负荷的动态匹配。碳达峰阶段，从月度系统整体出力与整体负荷匹配的情况分析，山西省煤电机

组应当具备整体不低于 49.5% 的深度调峰能力；从日均出力与负荷匹配的情况分析，通过短时储能技术的不断推广应用，可以解决风电、光伏出力波动性的问题。山西省按照短时储能备电时长 8 h 考虑，建设储能系统配置应达到 18 000 MW，占山西省风电、光伏合计装机容量的 16.3%。

到 2030 年，推动可再生能源从"发电环节"低碳向"全寿命周期"低碳转变，推动可再生能源从"他助模式"向"自助模式"转变，推动可再生能源从"发电平价"向"消纳平价"转变，为实现碳达峰提供主力支撑。山西省将以风光资源为依托、以区域电网为支撑、以输电通道为牵引、以高效消纳为目标，结合采煤沉陷区综合治理，兼顾生态修复、造林绿化与相关产业发展，统筹优化风电光伏布局和支撑调节电源，实施可再生能源 + 采煤沉陷区综合治理工程，建设一批生态友好、经济优越的大型可再生能源基地。

为加大可再生能源利用，本研究对山西省建筑屋顶面积和光伏装机潜力进行了总体评估（表 9-3、表 9-4）。2020 年，山西省城镇建筑屋顶面积为 1 140 km^2，农村屋顶建筑面积为 1 314 km^2，计算得到城镇及农村屋顶光伏装机潜力规模总量分别为 0.7 亿 kW 和 1.2 亿 kW。相较于城市地区，广大农村地区的屋顶资源更加丰富，无高层建筑等遮挡，光照资源充足，光伏安装条件更加优越。农村宅基地为户主所有，无纠纷、不存在共有产权，已取得土地使用权证明。在分布式光伏发电技术逐步成熟的条件下，未来农村地区分布式光伏发展大有空间，分布式光伏发电将确保可再生能源装机总规模目标实现，对电力行业达峰起到关键作用。

表 9-3　山西省城镇建筑光伏装机潜力

城市	城镇建筑屋顶面积 /km^2	光伏装机潜力 / 万 kW
太原市	191	1 105
大同市	152	949
晋中市	120	681
吕梁市	119	674
朔州市	112	699
长治市	107	579
临汾市	81	422
忻州市	77	466
运城市	74	366
阳泉市	54	299
晋城市	53	275

表 9-4　山西省农村建筑光伏装机潜力

城市	农村建筑屋顶面积 /km²	光伏装机潜力 / 万 kW
运城市	232	1 944
长治市	185	1 678
晋中市	144	1 352
临汾市	133	1 166
吕梁市	125	1 190
忻州市	121	1 208
晋城市	95	825
朔州市	95	984
大同市	83	859
太原市	69	665
阳泉市	32	299

9.1.2　工业部门

山西省工业部门的碳达峰路径以控制钢铁、炼焦、建材为主。工业（除火电）部门的排放水平与电力部门接近。在达峰排放路径下，工业部门的碳排放将在 2021—2025 年继续上升，并在 2025 年达峰，约为 2.57 亿 t，达峰时间较早。随后经历一段稳中有降的过程，到 2030 年降至 2.45 亿 t（比峰值下降 0.12 亿 t），在 2030 年后排放下降速度逐渐加快，进入碳排放下降期，到 2035 年降至 2.08 亿 t（比峰值下降 0.49 亿 t）。

达峰路径下的工业部门减排主要由钢铁、炼焦和建材行业减排实现。钢铁行业工艺结构调整（如废铁和直接还原铁电弧炉炼钢）、节能减排技术推广（包括焦化工艺、烧结工艺、高炉炼铁、转炉炼钢、电炉炼钢、粗钢精炼铸轧工艺和全过程管控）和碳捕集与封存（CCS）技术是减少二氧化碳排放潜力的关键措施。水泥行业的减排措施包括提高能效水平（如外循环生料立磨技术、辊压机终粉磨系统和带分级燃烧的高效低阻预热器系统）、能量回收技术（工业循环水余压能量闭环回收利用技术、余热回收技术）、燃料替代技术（利用高热值危险废弃物替代水泥窑燃料综合技术、生活垃圾生态化前处理和水泥窑协同后处理技术）和 CCS 技术。综合分析可知，山西省工业部门通过工艺结构调整、能效水平提高和燃料替代技术、节能减排技术、CCUS 技术推广将在 2025 年、2030 年和 2035 年分别比基准情景减少二氧化碳排放 648 万 t、1 323 万 t 和 3 388 万 t 左右。

9.1.3　建筑领域

山西省建筑领域的降碳路径以电气化改造和节能为主。建筑领域是山西省仅次于交通部门的重要排放领域。建筑领域的碳排放在现阶段已实现达峰，2020 年的排放量为 1 825 万 t，随后进入稳定下降阶段，到 2025 年、2030 年和 2035 年分别降至 1 652 万 t、1 113 万 t 和 687 万 t。

达峰路径下，建筑领域减排主要通过农村建筑减排、城镇建筑减排和公共建筑减排实现，措施包括农村建筑采用建筑节能措施和能源有效利用，如节能吊炕、高效土暖气、太阳能热水器、高效节能灶和户用沼气池；城镇建筑利用太阳能和采用节能电器，如住宅太阳能热水器、高效冰箱；公共建筑进行节能改造、利用太阳能及智能用电计量分析，如高效暖通空调系统改造、商业建筑中的太阳能热水器和电能计量系统。调控情景下，农村建筑、城镇建筑和公共建筑的减排措施合计在2030 年和 2035 年将分别比基准情景减少二氧化碳排放 152 万 t 和 250 万 t 左右。

9.1.4　交通部门

山西省交通部门的达峰路径以新能源车发展为主。交通部门是山西省重要的排放部门，达峰路径下，交通碳排放量将在 2021—2030 年持续上升，并在 2030 年前后实现达峰（约 0.23 亿 t），较 2020 年增长 0.05 亿 t，达峰时间晚于工业部门和建筑领域。交通排放在 2030 年后进入下降阶段，到 2035 年降至 0.20 亿 t，比峰值下降 0.03 亿 t。达峰路径下的交通部门减排主要通过提升车辆能效水平、推广新能源汽车与调整交通运输结构实现。到 2030 年和 2035 年，通过能效提升、新能源汽车推广与运输结构调整，调控情景将比基准情景减少二氧化碳排放 373 万 t 和 673 万 t左右。

以乘用车推进为重点，大力推进新能源汽车的导入。按照《新能源汽车产业发展规划（2021—2035 年）》的要求，山西省要实现 2025 年汽车销量中新能源车占比达到 20% 左右，2030 年达到 40% 以上；新增或更新的轻型物流车、网约车、出租车、中短途客运车、环卫清扫车使用新能源比例达到 90% 以上；新增或更新的党政机构、事业单位及公共机构车辆优先选用新能源汽车，新采购车辆中新能源汽车比例不低于 70%，租赁车辆原则上全部采用新能源汽车。

2025 年年底前，山西省要实现乘用车和商用车新车二氧化碳排放强度分别比2020 年降低 14% 和 10%。"十五五"时期开始实施温室气体排放标准，切实降低道路实际二氧化碳排放。引导企业在产品轻量化、轮阻降低、热效率提高、强混车比例提升等方面实现技术升级、产品结构调整，不断降低单车二氧化碳排放强度，实现乘用车和商用车 2030 年年底前分别降低 25% 和 20%，2035 年年底前分别降低 34% 和 25% 的目标。

在"十三五"时期货物运输结构调整的基础上，山西省继续加强大宗货物运输结构调整力度，优化公路货运结构；到"十五五"时期末形成大宗货物中长途运输使用铁路、水路，中短途货物运输使用管道或新能源车辆，城市货物运输主要采用新能源轻型物流车的局面。

9.2 重点任务

本研究基于达峰路径判断，结合山西省资源特点，对碳排放有重要影响的领域和行业进行了梳理，重点实施碳达峰领域十大行动，涵盖能源、产业、甲烷控制、工业领域、城乡建设、交通运输、科技创新及城市达峰等。

9.2.1 实施煤炭清洁高效利用行动

立足以煤为主的基本省情，抓好煤炭清洁高效利用，推动煤炭和新能源优化组合，按照煤质分类、梯级利用、循环利用、高效节能的原则，探索源头和末端"双向减碳"的煤炭清洁高效利用路径，构建多能融合的国家能源基地。

推进煤炭消费减量替代。山西省煤炭消费占比高、消费量大，减少煤炭消费是降碳的有效途径。山西省应在全省实施煤炭消费总量控制，根据各地能源使用现状、产业特点等设定差异化区域控制目标，"十四五"时期推进全省煤炭消费总量实现负增长，"十五五"时期煤炭消费总量进一步下降。到 2035 年，电煤占煤炭消费的比重达到 50%。煤炭消费减量措施重点为削减非电行业用煤，实施工业、采暖等领域电能和天然气替代，置换锅炉和工业窑炉燃煤。推进晋北三市清洁取暖改造，全省平原地区实现散煤基本清零，加大背压式热电联产、生物质能供暖等清洁供暖发展力度，因地制宜利用太阳能、煤矿井下抽采低浓度瓦斯（含乏风瓦斯）、电能等多种清洁能源供暖。

推动煤电产业清洁高效发展。严控煤电装机规模，分类推进落后机组淘汰整合，逐步淘汰煤耗水平高、污染物排放大的 30 万 kW 及以下供热机组。推进煤电机组节能降耗改造、灵活性改造、供热改造"三改联动"，开展超超临界、煤气化联合循环等新型煤基发电技术推广，持续降低发电煤耗，到 2025 年全省煤电机组平均供电煤耗力争降至 300 g 标准煤 /（kW·h）以下。立足国家生产力布局，充分发挥区域优势、资源优势和电力产业优势，建设山西省电力外送基地，按照国家综合能源基地和电力外送基地的定位，做好华北地区、中东部地区的能源保障工作，打造华北地区调峰基地。推进山西—京津唐等通道建设，加快实施"两交"（晋北、晋中交流）特高压联网山西电网、500 kV"西电东送"通道优化调整工程，增强山西省向京津冀负荷中心的送电能力。统筹外送受端供需状况，合理安排外送煤电项目开发规模和建设时序，全省煤电装机规模控制在 9 000 万 kW 左右。

前瞻布局现代煤化工产业板块。加大煤炭原料、材料化利用力度，提高煤炭作为化工原料的综合利用效能，通过先进技术集成将煤炭资源转化为煤基清洁燃料和煤基新材料产品，促进现代煤化工产业高端化、多元化、低碳化发展，为山西省乃至全国的经济社会发展提供重要支撑。立足保障国家能源安全、山西省资源优势和产业基础，推进甲醇、乙二醇及下游高附加值产品精深加工，加强焦炉气、煤焦油、粗苯综合利用和深度加工等特色煤化工产业发展，构建煤—焦—煤焦油沥青—沥青基碳纤维—碳纤维复合材料、煤—煤基石墨—中间相炭微球—石墨烯／电容炭、煤—焦—焦炉煤气—费托合成蜡／润滑油等具有全国比较发展优势的产业链条。

发展高端碳材料和碳基合成新材料。碳基材料一直是主流的负极材料，并且在较长的一段时间内仍将持续下去，随着电动汽车和大规模储能的发展，对锂离子电池的能量密度提出了更高的要求，而电极材料是决定锂离子电池综合性能的关键因素，以中低温煤焦油沥青为原料生产高端碳材料是目前煤化工的前沿方向，山西省应聚焦高端碳材料和碳基合成新材料两条路线，以重点企业为依托，以重大项目为载体，发挥产业集群效应。

发展煤基清洁能源。推进富油煤合理开发利用，推动以油气为主要产品的富油煤开发与转化，是增加国内油气供给、缓解油气对外依存度、保障国家能源安全的战略方向。山西作为煤炭大省，应积极开展高油、富油煤资源调查与评价，考虑生态保护红线、黄河流域生态环境保护、煤炭赋存等影响因素，客观评估可采规模，合理规划开发时序、规模等，发展富油煤绿色开采技术，由单一煤炭资源开发拓展为煤及共伴生资源综合开发、煤与煤层气等协同开发。积极参与富油煤利用技术体系攻关，深入参与催化热解、加压热解与多联产等新技术研发，争取相关热解技术示范项目落地山西。

合理布局发展煤制油产业。在满足国家产业发展布局的基础上合理布局发展煤制油产业，随着煤制油、煤制烯烃、煤制乙二醇等现代煤化工技术的快速发展，煤炭作为工业原料的属性越来越突出。基于产业布局，建设大型煤化工产业园区，加强先进技术攻关和产业化，延长企业的产业链，向下游发展高附加值化学品，充分发挥煤炭的原料功能。在煤制油生产能力布局过程中探索直接液化和间接液化两种技术类型项目联产，充分利用两种工艺的特点，通过调和实现优势互补，提高能量和物质的利用效率。

探索开展煤炭地下气化技术研究。煤炭地下气化可实现煤炭资源清洁开采和利用，合理利用地下气化的技术来完成煤炭开采，将物理采煤转变成化学采气，不仅可以最大限度地解决采煤所带来的生态环境与安全问题，还能让煤炭的应用从直接燃烧转换到天然气行业中。煤炭地下气化可将高碳资源低碳化，大幅提高甲烷和氢气的供给能力，可与天然气、储气库、二氧化碳驱油、氢能等协同发展，是保障油气企业多元能源供给、促进能源结构转型的战略途径之一。根据煤炭地下气化条件要求，应在山西省内开展研究条件评估，开展矿区煤矿床的地层、构造、水文地质条件分析评估，选择适宜地区开展煤炭地下气化，项目选址也要考虑地面工程系统配套问题，应优选距离产品市场、天然气管网较近的地区，确保甲烷、氢气、低碳烃及焦油等产品的销售渠道畅通。在政策上，开展煤炭地下气化配套产业政策研究，加强煤炭地下气化科技发展规划，加大相关科研经费支持力度。

建设煤炭分质分级利用示范工程。基于煤炭分质分级梯级利用技术的特点，重点在朔州等晋北低阶煤资源富集区域开展试点工作，加快提高中低温热解等技术成熟度，开展大型化、规模化工程验证，探索中低温热解产品高质化利用路径。主要项目包括建设山西普勤清洁能源有限公司基于发电的低热值煤热解燃烧分级转化分质利用技术研发及工程示范项目、朔州洁净能源300万 t/a 低阶煤分级分质利用项目、山阴锦晔100万 t/a 低阶煤利用项目等。

9.2.2　实施非化石能源高效发展行动

大力推动可再生能源发展。山西省风能和太阳能资源丰富，应科学评估风能最大技术开发量和太阳能资源，全面推进风电、太阳能发电大规模开发和高质量发展，坚持集中式与分布式并举，加快建设风电和光伏发电基地。合理控制开发规划和建设时序，推进风电、光伏集中式和分布式同步发展，结合外送基地建设，利用采煤沉陷区、盐碱地、荒山荒坡等集中建设大型地面光伏电站。根据资源储量，山西省生物质每年可用量为500万 t 左右，受秸秆资源的限制，应因地制宜发展生物质发电、生物质能清洁供暖，在临汾、长治、朔州等城市人口相对密集的农村地区，开展生物质能源综合利用项目试点，布局大型沼气供热、供能项目，实现农业废弃物中生物质能源的回收及利用。据2025—2060年山西省发电结构预测，风电与太阳能发电是山西省未来电源结构的主力军，到2025年风电、太阳能装机将达到 8 000 万 kW，生物质发电装机将达到 150 万 kW；到 2030 年风电、太阳能装机将达到 1.2 亿 kW，生物质发电装机将达到 200 万 kW。

大力推动氢能产业发展。山西省的焦炭产能位居全国第一，工业副产氢资源丰富，氢能成本优势明显，为工业大规模制氢提供了重要支撑。在碳达峰阶段，应积极利用工业副产氢发展以工业副产氢为主导的氢能供应网络。加快谋划布局氢能产业，目前山西省的主要制氢来源为化石能源制氢和工业副产氢，就碳达峰而言，煤化工制氢耦合 CCUS 技术、工业副产氢是山西省发展氢能的重要来源。在氢气制备环节，应依托煤化工产业基础，在太原、吕梁、阳泉、长治等城市工业园区（矿区）集聚区域大力发展焦炉煤气等工业副产氢，鼓励就近消纳，带动运输、焦化、化工、氯碱等行业转型升级。在大同、朔州、忻州、吕梁等风光资源丰富的地区，开展可再生能源制氢和储能示范。推动工业尾气及非常规天然气结合 CCUS 技术制氢，进一步降低碳排放。构建氢储运体系，充分发挥山西省碳纤维、特殊钢等新材料优势，推动工艺创新，提升高压气态储运商业化水平，加快降低储运成本。探索纯氢管道、掺氢天然气管道等灵活运输方式的应用实践。探索固态储运、分布式氨 - 氢储能、有机液体储运等储运方式应用。构建高密度、轻量化、低成本、多元化的氢能储运体系。加快推进氢能基础设施建设，支持有条件的地区建设矿用重卡、城市公交、环卫与物流专用加氢站，鼓励燃料电池汽车和加氢站一体化建设运营，积极推进绿氢在冶金、化工、电力等领域的应用。

重点推进氢能示范应用，创建一批应用示范工程，重点聚焦于交通和工业领域的商业化应用。综合山西省的运输特点和需求，依托煤炭、焦炭、化产等大宗商品汽运市场，在运输需求量大的工业园区（矿区）推广氢燃料物流车、中重卡等，开展氢燃料电池重卡运输示范应用。在有条件的市区，如吕梁等，开展城市公交车、物流配送车、环卫车等燃料电池商用车试点。加强与周边地区的示范联动，开展氢高速示范线路创建。到 2025 年，燃料电池汽车保有量达到 1 万辆以上，到 2030 年保有量达到 5 万辆以上。加大氢能在工业领域的替代应用。在冶金行业开展氢能冶炼示范应用，形成可向全国推广的典型经验。晋南钢铁是行业首家利用氢气实现高炉氢能冶炼的企业，每吨铁可降低 30 kg 焦炭的使用量，3 座高炉全年可节省焦炭用量 20 万 t，可减少二氧化碳排放 50 万 t。探索氢能替代化石燃料应用模式，在合成氨、合成甲醇等行业开展示范研究。拓展多领域应用示范。在具备条件的厂房、楼宇等场所开展燃料电池分布式发电、冷热电联供、无人机等示范应用；依托 5G 通信基站、数据中心、变电设施等场所，加快燃料电池备用电源的示范应用。发挥氢能调节周期长、储能容量大的优势，开展氢储能在可再生能源消纳、电网调峰等应用场景的示范，探索培育风电＋氢储能一体化应用新模式，促进电能、热能、燃料等异质能源之间的互联互通。

加快建设新型电力系统。大力提升电力系统综合调节能力，加快推进现役煤电机组灵活性改造。在不降低顶峰能力的前提下，改造后的纯凝机组最小技术出力不超过 30%，供热机组在供热期的最小技术出力不超过 40%，单日连续运行时间不低于 6 h。到 2030 年，煤电机组应具备 50% 的深度调峰能力；引导自备电厂、传统高载能工业负荷、工商业可中断负荷、电动汽车充电网络、虚拟电厂等参与系统调节，建设坚强智能电网，提升电网安全保障水平。加快储能设施建设，开展中长期抽水蓄电站论证，积极推进抽水蓄能电站资源调查，加快浑源、垣曲等县抽水蓄能电站的建设，到 2030 年抽水蓄能电站要达到 1 000 万 kW 以上。大型风光新能源场站合理配置新型储能系统，加快新型储能示范推广应用，积极开展重点区域储能示范建设，在调峰调频困难或电压调节能力不足的关键电网节点，合理布局新型储能，支持山西大唐国际云冈热电有限责任公司等企业开展长时储能研究示范，到 2030 年储能装机累计达到 20 000 MW 以上。储能建设工程重点项目是建设抽水蓄能电站，加快建设垣曲、浑源两个在建抽水蓄能电站，每年开工建设 2～3 个百万千瓦级抽水蓄能项目。开展新型储能规模化应用，提升系统灵活调节能力和安全稳定水平。探索利用退役火电机组既有厂址和输变电设施建设储能或风光储设施。开展用户侧储能，探索储能与电动汽车等融合发展新场景。到 2025 年，力争形成基本与新能源装机相适应的 1 000 万 kW 储能容量；到 2030 年，储能装机力争达到 2 000 万 kW。重点项目包括浑源抽水蓄能电站建设项目、垣曲抽水蓄能电站建设项目、国网时代华电大同热电储能工程项目、天镇福光源网荷共享储能电站项目等。

推进源网荷储一体化协同发展。通过优化整合本地电源侧、电网侧、用户侧资源，合理配置各类储能，研究建立电网企业、电源企业和部分用户共同承担储能等调节能力建设的责任机制和投资回报机制，探索不同技术路径和发展模式，在重点地区谋划一批源网荷储一体化项目，鼓励源网荷储一体化项目内部联合调度，鼓励电网企业联合社会资本建设以大规模共享储能为支撑的区域性"虚拟电厂"。

9.2.3 实施产业绿色低碳转型行动

推动传统产业绿色低碳发展。加快钢铁、焦化、建材、有色金属、化工等行业绿色升级改造，推进传统产业向大型化、集约化、循环化、清洁化发展。加快落后产能淘汰，严格执行质量、环保、能耗、安全等法规标准，推动钢铁、水泥熟料、烧结砖瓦、电解铝等行业落后产能淘汰和过剩产能压减。重点地区严禁新增钢铁、焦化、水泥熟料、平板玻璃、电解铝、氧化铝、聚氯乙烯、烧碱产能，合理控制煤制油气产能规模。加快推进节能降耗技术改造，充分应用先进自动控制、信息化等技术，做优做绿煤炭、建材、焦化、钢铁等传统产业，确保传统行业工艺技术水平达到国内先进水平。大力推动智能绿色安全开采和清洁高效深度利用。电力行业发展大容量高参数先进煤电机组，钢铁行业发展电炉短流程炼钢。在能源、钢铁、焦化、建材、有色、化工、工业涂装、包装印刷等行业全面落实强制性清洁生产审核要求，新增重点行业企业全部达到清洁生产一级标准。开展绿色园区、绿色工厂创建，培育绿色设计产品，打造绿色供应链。

促进资源利用循环化转型。强化生产过程中资源的高效利用、梯级利用和循环利用。钢铁、有色金属等行业加大技术改造力度，推动数字化、智能化、绿色化融合发展，推广非高炉炼铁、有色金属短流程冶炼等先进工艺，减少冶炼渣、赤泥等固体废物的产生；采矿、电力行业积极推进尾矿和煤矸石原位井下充填，加强与综合利用企业合作，布局一批综合利用项目，推动煤矸石、粉煤灰、脱硫石膏、尾矿等大宗工业固体废物综合利用；着力提升工业固体废物在生产纤维材料、微晶玻璃、超细化填料、固废基高性能混凝土、预制件、节能型建筑材料等领域的高值化利用水平。积极开展钢渣分级分质利用，扩大钢渣在低碳水泥等绿色建材和路基材料中的应用，扩大钢渣综合利用规模。提升智能化、信息化水平，结合钢铁、石化、建材等重点行业特点，推动新一代信息技术与制造全过程、全要素深度融合，改进产品设计，创新生产工艺，推行精益管理，实现资源利用效率最大化，最大限度减少固体废物产生。

发展壮大新兴战略产业。以绿色低碳为导向，着力打造能源资源消耗低、附加值高、市场需求旺盛的产业，特别是在高端装备制造、新材料、数字产业、节能环保、新能源汽车、现代医药与大健康、通用航空、现代物流等领域，推动新兴产业集群化、高端化、智能化发展。重点发展具有国际竞争力的产业集群，如新能源装备、先进轨道交通、煤机智能制造等装备制造产业集群，碳基新材料、特种金属材料、生物基新材料、半导体新材料等新材料产业集群，以及数字产业集群如信息技术、大数据、半导体、光机电等。在新能源汽车产业方面建设集聚区，促进工业资源综合利用基地建设，以智慧物流为导向，构建多级物流网络与综合运输体系，推动物流园区集聚化、交易化、信息化、平台化。

9.2.4 实施煤矿甲烷排放控制行动

推进煤矿甲烷排放源头控制。推动煤矿瓦斯先抽后采、应抽尽抽，推广煤层气地面预抽、采空区煤层气抽采，推广高效、精准抽采技术，提高煤矿瓦斯抽采量和抽采浓度。针对不同浓度各类瓦斯治理场景，分别设计不同的技术路线，实施瓦斯分级治理。对于正在开采的生产区，改进瓦斯抽采设备，提高瓦斯抽采量，同步优化直接抽采后的提纯利用；对于适合进行地面地下立体化瓦斯治理的工作区，深化地质研究，积极应用国内示范试验区的先进经验，探索各煤矿自身瓦斯治理立体化抽采方案；对于煤矿接替规划区，根据瓦斯资源情况和地质背景，采用煤层气开发利用先进技术进行瓦斯地面抽采治理。根据瓦斯资源量做好分区治理规划，完善输配系统建设。支持大型矿区瓦斯输配系统区域联网，推进煤矿联合建设瓦斯集输管网。鼓励煤矿企业采用低浓度瓦斯提纯、高低浓度瓦斯掺混等方法提高瓦斯浓度，实现管道输送、统一调配、集中利用瓦斯资源，拓宽利用途径和范围，提高抽采瓦斯利用率。

强化煤矿甲烷综合利用。开展不同浓度煤矿瓦斯梯级利用研究，加大对低浓度和超低浓度瓦斯利用，加快通风瓦斯氧化利用技术攻关，研发整套蓄热高温氧化技术和集成乏风瓦斯蓄热氧化技术；加快低浓度瓦斯利用技术攻关，研发变压吸附技术，提高产品所得率和利用的安全性。推广低浓度煤矿瓦斯和风排瓦斯蓄热氧化、催化氧化、直接燃烧等综合利用示范工程。浓度在 8%～30% 的瓦斯可以通过内燃机发电及余热利用等技术加以利用，浓度低于 8% 的瓦斯通常需要采取更进一步的深度加工提纯后才能加以利用。浓度低于 1% 的风排瓦斯总量大，但利用难度也相对较大，是煤矿甲烷排放的主要贡献者。针对低浓度的煤矿瓦斯，一般用作工业锅炉的辅助性燃料或者与煤炭进行掺混燃烧。

减少关闭煤矿甲烷排放。尽快摸清山西省关闭煤矿瓦斯资源及甲烷排放底数，逐步建立关闭煤矿瓦斯抽采产能预测和抽采利用技术体系，开展关闭煤矿瓦斯治理与利用试点。到 2025 年，推动实施一批关闭煤矿瓦斯治理与利用试点工程，2030 年基本实现关闭煤矿瓦斯规模化抽采利用。

9.2.5 实施工业领域碳达峰行动

推动钢铁行业碳达峰。根据研究结果，工业部门碳排放量将在"十四五"期间继续增长，在 2025 年实现碳排放达峰。从全国钢铁产量变化来看，国家实施控制重点地区粗钢产量，设置钢铁产量天花板，粗钢产量已于 2021 年达峰，钢铁行业进入减量发展的阶段。但由于钢铁行业企业规模小、布局分散、碳排放强度大，钢铁行业碳减排对推进工业行业整体尽早达峰至关重要。从钢铁行业特点来看，要深化钢铁行业供给侧结构性改革，推进钢铁企业跨地区、跨所有制兼并重组，提高行业集中度。促进钢铁行业结构优化和清洁能源替代，加快建立完善废钢铁加工配送体系，构建有效促进废钢资源回收利用的相关政策引导机制，加大废钢资源回收利用力度。有序推进 1 000 m^3 以下高炉、180 m^2 以下烧结机、100 t 以下转炉（电弧炉）、50 t 以下合金电炉等生产装备改造，全省钢铁行业非限制类炼钢炼铁产能达到 90% 以上。到 2025 年、2030 年，行业炼钢废钢比分别达到 30%、35%。推进工艺结构调整，大力发展电炉短流程炼钢，加快对长流程炼钢产能的替代，转变钢铁行业"高碳锁定"现状。到 2025 年、2030 年，电炉钢产量占粗钢的比例分别达到 20%、25% 左右。推广先进适用技术，深挖节能降碳潜力，鼓励钢化联产，探索开展氢冶金、二氧化碳捕集、利用一体化等试点示范，推动低品位余热供暖发展。

推动焦化行业碳达峰。焦化行业碳排放位列工业行业第二，仅次于钢铁行业，占全省碳排放的 9%。根据研究结果，焦化行业碳排放将于 2024 年达峰，焦化行业碳减排的主要措施包括产量降低、焦炉装备升级和节能改造。焦炭下游消费市场的 85% 用于钢铁行业的冶金焦，通过推进废钢利用，加大节能技术改造力度，进一步降低吨铁平均综合焦比和冶金焦需求量。压减焦化过剩产能，通过上大关小，全面退出 4.3 m 焦炉，到 2024 年年底基本形成炭化室高度 5.5 m 及以上先进焦炉的产能结构。开展节能改造，推广应用绿色技术工艺，重点推动高效蒸馏、热泵等先进节能工艺技术应用；推进焦炉精准加热自动控制技术普及应用，实现焦炉加热燃烧过程温度优化控制，降低加热用煤气消耗。加大余热余能回收利用力度，全面实施干熄焦改造；发挥焦炉煤气富氢特性，有序推进氢能发展利用，研究开展焦炉煤气重整直接还原炼铁工程示范应用，实现与现代煤化工、冶金等行业的深度产业融合，减少终端排放，促进全产业链节能降碳。

推动有色金属行业碳达峰。从全省碳排放构成来看，有色金属碳排放量在工业排放中的占比相对较小。根据相关研究，全国有色金属行业将于 2024 年达峰，山西省有色行业在全国的占比相对较小，应力争早于行业整体达峰时间，同时为工业行业 2025 年达峰腾出碳排放空间。有色金属行业的减排措施主要有加快再生有色金属产业发展，完善废弃有色金属资源回收、分选和加工网络，提高再生有色金属产量。提升有色金属装备水平，延伸其加工能力，加快推广应用先进适用绿色低碳技术，加快新型稳流保温铝电解、铜连续熔炼、蓄热式竖罐炼镁等低碳工艺装备和技术的推广应用，实现能源高效利用。提升有色金属生产过程中的余热回收利用水平，推动单位产品能耗持续下降。推进清洁能源替代，提高风电、光伏等新能源使用比例。强化资源精深加工和产业链上下游配套衔接，巩固提升优势产业链条，持续优化产业结构。

推动建材行业碳达峰。达峰路径下的工业部门减排主要由钢铁、炼焦和建材行业减排实现。水泥行业碳排放量已进入平台期，但因其是工业达峰碳减排的主要部门，应严禁新增水泥熟料产能，引导建材行业向轻型化、集约化、制品化转型。推进燃料替代，加大清洁能源使用力度。大力开展水泥窑协同处置，利用废轮胎、生活垃圾、污泥等固体废物替代燃煤，加强相关燃料替代技术的研发和应用，提升关键技术和装备的国产化水平。2025年，水泥行业使用替代燃料技术的生产线数量占比达到20%，2030年达到40%。逐步加大清洁能源的使用力度，鼓励烘干等工序及生产辅助系统使用余热或电能。加快非碳酸盐原料替代，提高煤矸石、电石渣、磷石膏、氟石膏、钢渣等含钙资源替代石灰石的比重，降低水泥生产工艺过程的二氧化碳排放，到2030年煤矸石、钢渣等在原料中的替代比例达到5%。加大清洁燃料替代技术研发力度，对窑炉全氧电熔辅助煅烧技术、生物质能技术等开展研发。

推动化工行业碳达峰。化工行业分为传统煤化工行业和现代煤化工行业，根据相关研究，全国传统煤化工行业将在2025年前后达峰，现代煤化工行业将在2030年前后达峰。山西省现代煤化工行业将晚于工业行业达峰时间，这与产业发展需求高度一致，现代煤化工的发展是山西省远期煤炭行业发展的关键。对于传统煤化工，应优化其产能规模和布局，加大落后产能淘汰力度，有效化解结构性过剩矛盾。严格项目准入，合理安排建设时序，严控新增传统煤化工生产能力。引导企业转变用能方式，鼓励以电力、天然气等替代煤炭。稳妥有序地发展现代煤化工，调整原料结构，控制新增原料用煤，拓展富氢原料进口来源，推动化工原料轻质化。优化产品结构，鼓励化工企业以市场为导向调整产品结构，提高产品附加值，延伸产业链条，形成高端碳纤维、超级电容炭、煤层气合成金刚石、煤基特种燃料等产品，促进化工与煤炭开采、冶金、建材、化纤等产业协同发展，加强副产气体高效利用。鼓励企业节能升级改造，推动能量梯级利用、物料循环利用。以龙头企业为引领，省内重点企业潞安化工集团、焦煤集团、阳煤集团等制定企业碳达峰方案，夯实碳排放基础数据，强化能源管理，发挥大型企业引领作用，应用煤化工先进节能降碳、提质增效工艺技术装备，探索开展产品碳足迹研究，协同带动上下游企业绿色低碳发展。

推动煤炭开采行业碳达峰。山西省承担全国煤炭保供的重担，煤炭行业的产量与全国的需求密切相关，从目前的形势来看，初步预判"十四五"期间煤炭产量仍呈现一定量的增加。从碳排放来看，虽然煤炭是山西省的主要支柱产业，但是煤炭开采能源消费量小，煤炭行业的碳排放相对较小，对工业行业达峰不足以造成制约，煤炭行业达峰的前提是做好煤炭兜底保障。建设煤炭供应保障基地，完善煤炭跨区域运输通道和集疏运体系，增强煤炭跨区域供应保障能力。在保障国家煤炭安全的基础上，落实国家保供建设煤矿规模调整，实行煤炭绿色低碳开采和洗选加工，推广先进技术装备，突出绿色、智能、高效，实现煤炭产业高质量发展，建设煤炭绿色开发利用基地；统筹晋北、晋中、晋东三大煤炭基地资源潜力、煤矿服务年限、环境容量等，合理控制煤炭生产总量，增强煤炭稳定供应、市场调节和应急保障能力；实施煤矿布局和结构优化工程，完善资源枯竭煤矿关闭机制，有序退出不具备开工复工条件的资源整合煤矿。通过产能置换加快资源枯竭矿井和无效产能退出，适度建设一批大型、特大型现代化接续矿井，进一步优化煤矿产能结构，提高资源集约节约开发水平，到 2025 年平均单井规模提升到 175 万 t/a 以上，煤矿数量减少至 820 座左右，先进产能占比达到 95% 左右，全面推进 5G+ 智能矿山建设，推进煤炭绿色开采，原则上采用无煤柱开采等绿色开采技术，推广煤与瓦斯共采技术，探索实施煤炭地下气化示范项目。煤炭生产过程中排放的甲烷不容忽视，从山西省温室气体排放构成来看，甲烷占温室气体排放的 20%，煤炭开采行业最重要的是要做好甲烷排放控制。

9.2.6　实施城乡建设碳达峰行动

推进城乡建设绿色低碳转型。山西省城区常住人口百万以上的城市仅有太原市、大同市，中心城市区域影响力和辐射带动能力不强，没有集聚能力较强的城市群。推动城市组团式发展，建立"一群两区三圈"省域城乡区域发展新布局，坚持以"生态优先、绿色发展"为导向，合理规划建筑面积发展目标，控制新增建设用地过快增长，转变城市开发建设方式，以保留利用提升为主，加强修缮改造，防止大拆大建。倡导绿色低碳规划设计理念，增强城乡气候韧性，建设海绵城市。加强县城绿色低碳建设。推动建立以绿色低碳为导向的城乡规划建设管理机制，制定建筑拆除管理办法，杜绝大拆大建。建设绿色城镇、绿色社区。

加快绿色建筑高质量发展。推广绿色低碳建材和绿色建造方式，加快推进新型建筑工业化，大力发展装配式建筑，推广钢结构住宅，推动建材循环利用，强化绿色设计和绿色施工管理，加强建筑节能和绿色建筑新技术、新工艺、新材料、新产品的推广应用，限制或禁止使用能源消耗高的技术、工艺、材料和设备，鼓励利用建筑垃圾、煤矸石、粉煤灰、炉渣、尾矿等固体废物为原料生产墙体，发展绿色建材。培育建筑创新项目，超限高层建筑全部按照绿色建筑创新项目要求实施，积极引导绿色建筑，装配式建筑、超限高层建筑开展技术创新，形成各具特色的绿色建筑创新项目。

加快提升建筑能效水平。加快更新建筑节能、市政基础设施等标准，提高节能降碳要求。加强适用于不同气候区、不同建筑类型的节能低碳技术研发和推广，推动超低能耗建筑、低碳建筑规模化发展。加快推进老旧小区和棚户区、公共建筑节能改造，持续推动老旧供热管网等市政基础设施节能降碳改造。提升城镇建筑和基础设施运行管理智能化水平，加快推广供热计量收费和合同能源管理，逐步开展公共建筑能耗限额管理。到 2025 年，城镇新建建筑全面执行绿色建筑标准。

加快优化建筑用能结构。深化可再生能源建筑应用，推广光伏发电与建筑一体化应用。推进热电联产集中供暖，加快工业余热供暖规模化应用，因地制宜推行热泵、生物质能、地热能、太阳能等清洁低碳供暖。提高建筑终端电气化水平，建设集光伏发电、储能、直流配电、柔性用电于一体的"光储直柔"建筑。推动建筑屋顶光伏建设，重点推进工业园区、经济开发区、公共建筑等屋顶光伏开发利用，在新建厂房和公共建筑积极推进光伏建筑一体化开发，推进整县（区）屋顶分布式光伏开发，重点推进 26 个国家级整县屋顶分布式光伏开发试点。充分利用农村建筑屋顶、院落空地、田间地头、设施农业等大力推动光伏新村建设。到 2030 年，建筑屋顶光伏发电装机达到 1 000 万 kW。

推进农村建设和用能低碳转型。推进绿色农房建设，加快农房节能改造。持续推进农村地区清洁取暖，因地制宜选择适宜的取暖方式。发展节能低碳农业大棚。推广节能环保灶具、电动农用车辆、节能环保农机。加快生物质能、太阳能等可再生能源在农业生产和农村生活中的应用。加强农村电网建设，提高农村电力保障水平，提升农村用能电气化水平，提升向边远地区输配电能力，在具备条件的农村地区、边远地区探索建设高可靠可再生能源微电网。借鉴芮城农村光储直柔系统，建设一批"零碳村庄"等示范工程。

建筑领域重点项目包括既有建筑节能改造和建筑屋顶光伏建设，开展老旧小区和棚户区、公共建筑节能改造，老旧供热管网等市政基础设施节能降碳改造，到 2030 年，公共建筑改造后的节能效果较 2020 年至少提升 15%，老旧小区较 2020 年提升 40%。实施建筑屋顶光伏建设，推动整县（区）屋顶分布式光伏开发，重点推进 26 个国家级整县屋顶分布式光伏开发试点。

9.2.7 实施交通运输绿色低碳行动

构建绿色高效交通运输体系。推动不同运输方式合理分工、有效衔接，推动货物运输"公转铁",扩大干线铁路运能供给,推进干线铁路省内繁忙路段扩能改造和复线建设,完善铁路运煤通道建设,推进省内地方开发性铁路、支线铁路建设,强化与矿区、产业园区、物流园区等的有效衔接,增强对干线铁路网的支撑作用。鼓励工矿企业等实施大宗货物"公转铁""散改集",中、长距离运输时主要采用铁路运输,短距离运输时优先采用封闭式皮带廊道或新能源车,进一步提高煤炭、焦炭、铁矿石等大宗货物铁路运输比例,积极推进"公转铁"。煤炭主产区大型工矿企业在中长距离运输(运距 500 km 以上)煤炭和焦炭的过程中,铁路运输比例力争达到 90%。山西省煤矿坑口—洗煤厂、坑口—发运站之间的点对点短途运输多,应开展绿色能源和绿色运输场景应用,对短驳运输车辆进行电能、氢能或甲醇替代。截至 2020 年年底,全省有 196 家年货运量 150 万 t 以上的大型工矿企业,专用线接入比例为 70%,通过实施以上工程,到 2025 年 196 家年货运量 150 万 t 以上的大型工矿企业铁路专用线接入比例达到 81%。

推进城市(镇)群中心城市铁路客货分线,在具备条件的区域围绕重点线路实施铁路双层集装箱设施改造。积极发展多式联运、甩挂式运输等高效运输组织模式,深入开展多式联运示范工程,开通至连云港、青岛港、唐山港等主要港口的常态化铁水联运班列,陆续引导开通阳泉—天津—佛山公铁海联运班列、长治市潞城区煤炭公铁联运集装箱班列等,持续降低运输能耗和二氧化碳排放强度,推进华远国际陆港海铁联运(天津)重装码头升级改造、洪洞陆港型国家级综合物流园多式联运基地、阳泉亿博智能港多式联运等项目。

探索多式联运"一单式"服务模式,开展去回程双重运输模式,协同省内物流企业、地方铁路局、港口、水运企业等,着力实现 35 t 敞顶箱"一箱到底"的实际应用。加快城乡物流配送体系建设,创新绿色低碳、集约高效的配送模式。依托城市(镇)群良好的电商、快递产业基础,引导航空企业加强智慧运行,鼓励发展通用航空及无人机微物流,积极发展全货机,支线航空货运实现系统化节能降碳。

打造高效衔接、快捷舒适的公共交通服务体系,积极引导公众选择绿色低碳交通方式。推动公共交通优先发展,构建以城市轨道交通为主、快速公交为补充、普通公交为基础的城市公共交通网络。提升城市公共交通、慢行交通的可达性、便利性和安全性。积极构建广泛覆盖、环境友好的城市慢行交通网络和数量充足、布局合理的静态交通网络体系,加快完善层级有序、运行高效的城市绿色物流配送网络。完善以服务"步行+公交""自行车+公交"出行为主的绿色交通体系。到 2030 年,城区常住人口 100 万以上的城市绿色出行比例不低于 70%。

推动运输工具装备低碳转型。积极扩大电力、氢能、天然气等新能源、清洁能源在交通运输领域的应用，推动落实运输车辆燃油消耗量监测与限值制度，加快淘汰老旧高耗能营运车辆，基本实现城市公交、出租汽车清洁能源车型替代。通过税费减免、购车补贴、停车优惠等措施鼓励私人购买使用新能源汽车。围绕太原国家物流枢纽，开展燃料电池物流车商业性示范应用。在运行强度大、行驶线路固定的工业园区（矿区）开展氢燃料电池重卡短倒运输示范应用，在太原、大同、忻州、吕梁等地区规模化开展城市公交车、物流配送车、环卫车等燃料电池商用车试点。在吕梁、阳泉、长治等重卡物流聚集地区打造"燃料电池重卡＋加氢站＋长管拖车"连锁运营的方式，合理布局加氢站点和长管拖车运氢路径。到2025年，推广燃料汽车1万辆；到2030年，累计推广燃料电池汽车3万辆。

加快绿色交通基础设施建设。将绿色低碳理念贯穿交通基础设施规划、建设、运营和维护全过程，降低全生命周期能耗和碳排放。开展交通基础设施绿色化提升改造，统筹利用综合运输通道线位、土地、空域等资源，加大资源整合力度，提高利用效率。有序推进充电桩、配套电网、加注（气）站、加氢站等基础设施建设，提升城市公共交通基础设施水平，积极支持高速公路服务区、交通枢纽充电加气设施规划和建设。到2030年，民用运输机场场内车辆装备等力争全面实现电动化。

推广新能源汽车。围绕太原市国家物流枢纽，开展燃料电池物流车商业性示范应用。在运行强度大、行驶线路固定的工业园区（矿区）开展氢燃料电池重卡短倒运输示范应用，在太原、大同、忻州、吕梁等地区规模化开展城市公交车、物流配送车、环卫车等燃料电池商用车试点。在吕梁、阳泉、长治等重卡物流聚集地区打造"燃料电池重卡＋加氢站＋长管拖车"连锁运营的方式，合理布局加氢站点和长管拖车运氢路径。到2025年，推广燃料汽车1万辆，2030年累计推广燃料电池汽车5万辆。

9.2.8 实施碳汇能力提升行动

巩固生态系统固碳作用。落实有序、有量、有度的林木采伐原则，加强森林、草原防灭火和有害生物监测防治，严格征占用林地、草地、湿地审核审批，稳固现有森林、草地、湿地、土壤等固碳作用。严守生态保护红线，建设太行山（中条山）国家公园，开展自然保护地整合优化，建立以国家公园为主体，以自然保护区为基础，以风景名胜区、湿地公园、地质公园、森林公园、沙漠公园、草原公园等各类自然公园为补充的自然保护地体系。严格执行土地使用标准，加强节约集约用地评价，推广节地技术和节能模式。

提升林业碳汇。继续实施森林科学经营和造林绿化，在提高森林覆盖率的同时提高森林质量，实施大规模国土绿化工程，重点加强黄河流域防护林和环京冀生态屏障建设，因地制宜推进高质量国土绿化行动，每年按"人工造林 300 万亩 + 封山育林共 400 万亩以上"的标准进行造林绿化，着力构建健康稳定、优质高效的森林生态系统和草原生态系统。开展科学抚育管理，全面加强林草资源保护，着力加大对退化草原的修复治理力度，加强对未成林地的经营管理，推动森林质量稳步提升。加强全省采伐限额管理，强化采伐全过程监管，严厉打击各种偷砍盗伐及破坏森林资源的行为，减少低龄林和防护林消耗。支持并鼓励全省碳汇林建设，推动碳汇交易。到 2030 年，森林覆盖率达到 28%，森林蓄积量达到 1.82 亿 m^3 以上。

9.2.9　实施绿色低碳科技创新行动

完善创新体制机制。将绿色低碳技术创新成果纳入高等学校、科研单位、企业有关绩效考核。强化企业创新主体地位，支持企业承担国家绿色低碳重大科技项目，鼓励设施、数据等资源开放共享。推进省级绿色技术交易中心建设，加快创新成果转化。加强绿色低碳技术和产品知识产权保护。完善绿色低碳技术和产品检测、评估、认证体系。

加强创新能力建设和人才培养。立足山西本地特点，结合当前碳达峰碳中和需求，争取煤转化、煤基能源清洁高效利用、煤炭大型气化领域国家重点实验室、国家技术创新中心等重大科技创新平台落地山西或建设山西基地、山西分中心，引导企业、高校、科研单位共建一批国家绿色低碳产业创新中心。创新人才培养模式，鼓励高校加快新能源、储能、氢能、碳减排、碳汇、碳排放权交易等学科建设和人才培养，建设一批绿色低碳领域未来技术学院、现代产业学院和示范性能源学院。深化产教融合，鼓励校企联合开展产学合作协同育人项目，组建碳达峰碳中和产教融合发展联盟，建设国家储能技术产教融合创新平台。

强化应用基础研究。聚焦化石能源绿色智能开发和清洁低碳利用、可再生能源大规模利用、新型电力系统、节能、氢能、储能、动力电池、CCUS 等重点，深化应用基础研究。提升共性关键技术、前沿引领技术和"卡脖子"技术供给能力。加强煤炭清洁高效利用、煤成气开发利用、智能电网、大规模储能、氢燃料电池等原始创新和颠覆性技术研究，提升低碳、零碳、负碳技术装备研发的"山西能力"。

加快先进适用技术研发和推广应用。支持国家开展复杂大电网安全稳定运行和控制、大容量风电、高效光伏、大功率液化天然气发动机、大容量储能、低成本可再生能源制氢、低成本 CCUS 等技术创新，加快碳纤维、气凝胶、特种钢材等基础材料研发，补齐关键零部件、元器件、软件等短板。推广先进成熟绿色低碳技术，开展示范应用。建设全流程、集成化、规模化 CCUS 示范项目。推进熔盐储能供热和发电示范应用。加快氢能技术研发和示范应用，探索在工业、交通运输、建筑等领域的规模化应用。

9.2.10 实施城市有序达峰行动

坚持全省统筹、分类施策、因地制宜、系统推进，落实国家区域重大发展战略、区域协调发展战略，进一步压实地方政府主体责任、强化责任担当，加快推动发展思路和发展方式转变，稳步推动实现各地区的有序梯次达峰。

科学合理确定有序达峰目标。产业结构较轻、能源结构较优、资源禀赋较好的地区要坚持绿色低碳发展，坚决不走依靠"两高"项目拉动经济增长的老路，力争率先实现碳达峰。产业结构、能源结构偏重的地区要把节能减碳摆在首要位置，优化调整产业结构和能源结构，逐步实现碳排放增长与经济增长脱钩，坚决杜绝因盲目"摸高"导致的高碳锁定效应，力争与全省同步实现碳达峰，碳排放已经基本稳定的地区要巩固减排成果，在率先实现碳达峰的基础上进一步降低碳排放。积极开展碳达峰工作试点，选择 1～2 个产业结构合理、能效水平高、生态基础较好、创新能力较强的城市，组织开展碳达峰试点示范申报工作，为各地推进碳达峰碳中和工作提供可复制、可推广的经验做法。

根据山西省驱动力分析结果、各城市碳排放趋势特征分析、达峰状态判断结果等，同时结合各城市未来的经济发展水平和发展模式、资源禀赋、产业布局、能源结构等方面的异同，在 CAEP-CP-SX 2.0 模型综合模拟山西省碳达峰路径的约束下，阳泉市和运城市目前已经处于达峰状态，需要在未来"十四五"和"十五五"期间巩固减排成果，在率先实现碳达峰的基础上进一步降低碳排放；太原市、大同市、长治市、朔州市、忻州市需要在"十四五"期间实现达峰，在"十五五"和"十六五"期间进一步减排；剩余城市需要在"十五五"期间实现达峰。

9.3 成本分析

为确定山西省各时期各行业的减排难易程度及资金投入总量，本研究以 2025 年、2030 年和 2035 年为时间节点，围绕电力行业、钢铁行业、水泥行业、交通部门和建筑部门五大主要排放领域，利用专家型的边际减排成本曲线等多种分析方法，在系统剖析各时期各项技术碳减排潜力和减排成本的基础上，分析得到山西省不同时期各行业相对于基础情景下的单位减排成本及总投入。其中，单位减排成本是指单位碳减排量情况下低碳生产工艺相对于传统生产工艺的替代成本,它表征各行业绿色低碳转型的难易程度;总投入是指为实现绿色低碳转型,各行业所需投入的资金总量。

9.3.1　行业减排技术及成本

电力行业:本研究着重考虑陆上风电、太阳能发电和生物质能发电在煤电替代中的作用,并同时考虑热电联产灵活性改造、服役期满机组淘汰、现役机组节能升级改造和新型储能等技术升级改造措施对电力行业节能减排的促进作用。

钢铁行业:本研究围绕工艺结构调整、CCUS 技术及焦化、烧结、高炉炼铁、转炉、电炉炼钢、精炼铸轧等钢铁生产的全过程,系统评估各项技术的减排潜力和减排成本。

水泥行业:本研究从生产前端的燃料替代、生产中的能效提高、末端的能量回收和 CCUS 技术 4 个方面共选取 17 项碳达峰技术,综合分析水泥行业的减排潜力和减排成本。

交通行业:本研究针对乘用车、轻微型客车、中大型客车、轻微型货车和中大型货车 5 类交通工具,围绕发动机技术、变压器、电子电器、渐进式技术和新能源汽车 5 种角度 12 项技术,分析各项技术的减排潜力和减排成本。

建筑领域:本研究围绕城镇居住建筑、城镇公共建筑和农村居住建筑 3 个方面,筛选得到了高效热电联产系统、农村居民电气化、户用沼气池等 18 项建筑领域的碳达峰技术,并确定各项技术的减排潜力和减排成本。

9.3.2　单位减排成本

山西省各行业各项技术的平均单位减排成本为 527 元 $/tCO_2$,其中由于电动汽车等新能源汽车具有较高的能源替换成本,因此交通行业的平均单位减排成本较高,为 895 元 $/tCO_2$;其次为建筑行业,平均单位减排成本为 825 元 $/tCO_2$。

交通行业具有最高的单位减排成本,即 895 元 $/tCO_2$。其中,可乘用车纯电动改造具备最高的减排潜力,其单位减排成本较低,为 349 元 $/tCO_2$;轻微型货车改造的单位减排成本较高,平均值为 2 152 元 $/tCO_2$;中大型客车和中重型货车改造的单位减排成本整体较低,平均值为 526 元 $/tCO_2$ 和 365 元 $/tCO_2$,因此可先重点关注中大型客车和中重型货车的技术改造。

建筑行业具有较高的单位减排成本,即 825 元 $/tCO_2$。其中,城镇供暖区域燃气锅炉替代燃煤锅炉、公共建筑安装数据中心蒸发空调和农村居住建筑节能吊炕具有较低的单位减排成本，分别为 40 元 /tCO$_2$、42 元 /tCO$_2$ 和 35 元 /tCO$_2$。然而，不同于公共建筑安装数据中心蒸发空调，城镇供暖区域燃气锅炉替代燃煤锅炉和农村居住建筑节能吊炕虽然单位减排成本较低，减排潜力却较大，值得重点关注。此外，农村居住建筑户用沼气池虽然单位减排成本较高，为 1 363 元 /tCO$_2$，但是有巨大的减排潜力，应重点关注。

电力行业各项技术的平均单位减排成本为 483 元 /tCO$_2$。现阶段尽管煤电的投资成本低于水力、光伏等可再生能源发电技术，但从全生命周期的角度来看，水力和光伏发电的总成本已低于燃煤发电成本。经计算，燃煤发电、水力发电和光伏发电的平均化发电成本分别为 357 元 /（MW·h）、286 元 /（MW·h）和 320 元 /（MW·h），即水力发电和光伏发电的平准化发电成本较燃煤发电分别低 71 元 /（MW·h）和 37 元 /（MW·h）。就电力行业减排成本而言，考虑到自然条件，山西省不存在海上发电、核电等发电技术，因此在可选择范围内，陆上风电、太阳能发电和生物质发电的单位减排成本分别为 35 元 /tCO$_2$、−49 元 /tCO$_2$ 和 299 元 /t CO$_2$，太阳能发电具有较高的减排效益。此外，就现有技术改造而言，随着时间的推进，热电联产灵活性改造（2025 年为 41 万 t，2030 年为 285 万 t，2035 年为 462 万 t）、新型储能技术（2025 年为 13 万 t，2030 年为 358 万 t，2035 年为 733 万 t）和服役期满机组淘汰（2025 年为 19 万 t，2030 年为 182 万 t，2035 年为 617 万 t）的减排潜力有较大提高，未来应重点关注。

钢铁行业各项技术的平均单位减排成本为 341 元 /tCO$_2$。就不同减排技术而言，废铁 - 电弧炉炼钢将成为钢铁行业的主要生产工艺，2025 年、2030 年和 2035 年其减排量均占各项工艺总减排量的 50% 以上，同时废铁 - 电弧炉炼钢 3 个年份的总减排成本分别为 18 705 万元、51 666 万元和 111 027 万元，已基本接近高炉 - 转炉炼钢的总减排成本；废铁 - 电弧炉炼钢的单位减排成本仅为 140 元 /tCO$_2$，而氢能高炉 - 转炉炼钢技术的单位减排成本为 2 394 元 /tCO$_2$，氢能直接还原铁 - 炼钢技术的单位减排成本为 2 431 元 /tCO$_2$，均远大于废铁 - 电弧炉炼钢技术。因此，未来钢铁行业应重点关注废铁 - 电弧炉炼钢工艺。

水泥行业具有最低的单位减排成本，即 38 元 /tCO$_2$。由于目前仍然缺乏全工艺流程的替换技术，新型干法水泥生产工艺依然是水泥行业的主导工艺。水泥行业可用的低碳减排技术以技术改造为主，因此该行业具有最低的单位减排成本。

综上所述，山西省应优先推进水泥和电力行业的绿色低碳转型，在此基础上可进一步推进钢铁、建筑和交通行业的低碳转型。随着减排量的不断递增，各行业的边际减排成本将不断增大，因此需要进一步判断在不同减排量下各行业的减排优先级。由图 9-5 可知，无论在何种减排情况下，水泥和电力行业均具有较低的总减排成本，其次为钢铁、交通和建筑领域。经计算可知，当全省二氧化碳总减排量大于 300 万 t 时，可优先推进电力行业减排；当全省二氧化碳总减排量小于 300 万 t 时，可同时推进电力行业、水泥行业和钢铁行业减排。

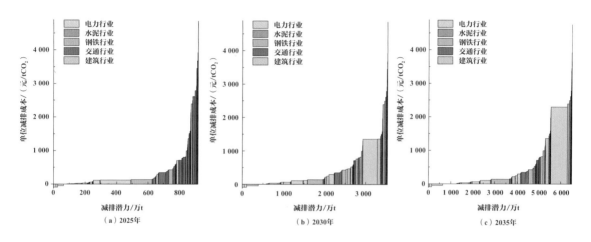

图 9-5 达峰路径下山西省单位减排成本及减排潜力

9.3.3 总投入分析

山西省 2025 年、2030 年、2035 年全社会总投入分别为 1 189 亿元、1 983 亿元和 6 478 亿元（图 9-6）。预计 2020—2035 年，为实现电力、钢铁、水泥、交通行业和建筑领域的绿色低碳转型及碳达峰目标，山西省需要累计总投入 3 893 亿元，全行业需要总投入 6 478 亿元。

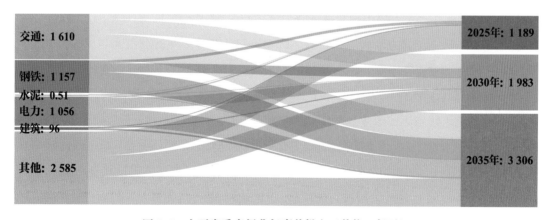

图 9-6 山西省重点行业年度总投入（单位：亿元）

总投入最多的是交通行业，这是因为我国的汽车类型依然以传统的燃油汽车为主，且交通部门的单位减排成本较高，2025 年、2030 年和 2035 年交通行业年投入成本分别为 193 亿元、512 亿元和 905 亿元，三年总投入为 1 610 亿元；其次为钢铁行业，2025 年、2030 年和 2035 年的年投入成本分别为 97 亿元、326 亿元和 734 亿元，三年总投入为 1 157 亿元；再次为电力行业，2025 年、2030 年和 2035 年的年投入成本分别为 55 亿元、386 亿元和 615 亿元，三年总投入为 1 056 亿元；建筑领域和水泥行业总投入均较低，三年总投入分别为 96 亿元和 0.51 亿元。

9.4 社会经济影响分析

基于对研究需求的理解，以及为应对山西面临的碳达峰和碳中和政策和目标约束下的可能决策需求，本研究基于 CARBON-CGE 模型分析了碳中和目标对山西省经济结构、能源结构的影响，以 2020 年山西省投入产出表为社会经济基础数据，结合 2020 年山西省能源平衡表、山西省统计年鉴、山西省碳排放等数据形成了基准年数据。该模型涵盖 40 个部门（附表 3），包括生产模块、国内外贸易市场模块、政府和居民的收支模块及碳排放模块，以一年为步长，动态地模拟了不同碳排放约束情景下，未来碳达峰和碳中和期间山西省产业经济态势、产业结构、能源消费及其碳排放量的变化，从而探索在"双碳"减排政策下未来山西省的社会经济变化情况。

山西省第一产业和第二产业总体略微呈下降趋势，分别下降了近 2.2 个百分点和 9.7 个百分点，第三产业比重总体呈上升趋势，增长了 11.9 个百分点，这在一定程度上表明山西省正在逐步过渡到以第三产业为重的时代。在碳达峰情景下，山西省 2020—2035 年产业结构的中长期发展趋势如图 9-7 所示，第一产业占比在持续小幅下降，第二产业整体出现大幅下降，第三产业在缓慢上升。综观整个达峰时间，山西省第一产业一直在缓慢下降，且下降幅度较为稳定，平均每五年下降 0.7 个百分点；第二产业也在下降，但下降趋势有较大差异，整个"十四五"期间第二产业的变化剧烈（下降了 4.7 个百分点），"十五五"和"十六五"期间均在降低；第三产业占比正好与第二产业变化相反，一直在上升，且在"十四五"时期上升明显，"十五五"和"十六五"时期上升幅度有所下降。这表明"十四五"是山西省碳达峰的关键时期，面临着重要的产业转型。截至 2035 年，山西省第二产业占比约为 33.7%，第三产业已经成为国民支柱产业，占比达到 63.1%。尤其是其他服务业（S40，主要包括信息传输、软件和信息技术服务、金融、房地产、文化、体育和娱乐等），其行业增加值上升至 46.2% 左右。

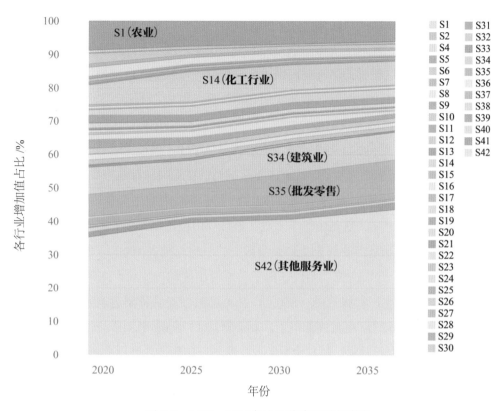

图 9-7　2020—2035 年山西省产业结构变化

注：行业详称见附表 3。

　　数字经济占比也在大幅上升，第一产业中的数字经济占比每五年增加 1% 左右，第二产业中的数字经济占比每五年增加 5% 左右，第三产业中的数字经济占比每五年增加 10% 左右。到 2035 年，山西省数字经济在总地区生产总值中的占比将达到 52%，比 2020 年翻了一番。

　　山西省就业情况的变化与产业结构的变化基本类似，未来将有越来越多的就业岗位流入第三产业，第一产业和第二产业的就业情况总体略微呈下降趋势。2020 年年末，全省就业人员为 1 738 万人，其中城镇就业人员为 1 002 万人。全省就业人员中，第一产业就业人员占 24.4%，第二产业就业人员占 25.2%，第三产业就业人员占 50.4%。2030 年前实现碳达峰目标的确定使山西省的就业情况与产业结构变化相似，2030 年是一个明显的时间节点。2030 年以前，由于第一产业占比大幅下降，就业形势也很严峻，2030 年该行业就业人数占比不足 17.6%，到 2035 年就业人数将减少至 260.14 万人，约为 2020 年就业人数的一半。第二产业就业人数呈先增后减的趋势，"十四五"期间第二产业仍处于较高速发展阶段，就业人数占比也增长了 5 个百分点，但由于山西省在"十五五"末要实现碳达峰，工业就业人数又开始下降，"十六五"期间同样在大幅下降。但值得注意的是，在第二产业中建筑业就业人数还在小幅上升，这是由于城镇化进程加快，未来仍有大量新建建筑和中老旧建筑改造需求，这些都为建筑业提供了就业机会。未来更多就业岗位都将流向第三产业，这一趋势在"十四五"期间变化并不明显，但从"十五五"时期开始，第三产业就业人数占比将大幅增加，2030年将达到57%，2035年达到63%，分别较2020年增加136万人和244万人。尤其是批发、零售和住宿、餐饮业（S34）及其他服务业（S40）的增速最为明显，到2035年有60%的就业岗位都集中在这两个行业。

值得注意的是，由于碳达峰目标的确定，火电和热力的生产和供应业（S29）的就业人数会大幅下降，这是由于未来对火电行业的控制使其就业需求越来越少，甚至是上游的煤炭开采行业都会受到大幅影响。平均每减少100万 kW·h 的火电，就会减少5～11个工作岗位。相反，由于对可再生能源的支持，未来有较多的岗位流向其他电力的生产和供应业（S30），甚至是附带的装备制造领域，预计平均每增加100万 kW·h 的可再生能源电力，就会增加15～45个工作岗位。对于太阳能光伏发电，除自身行业外，对其他服务业和通用设备制造业的就业形势影响最大，平均每增加100万 kW·h 的太阳能电力，其他服务业和通用设备制造业就会分别增加14个工作岗位和11个工作岗位。对于风电来说，除自身行业外，其他服务业和通用设备制造业同样也是就业影响最大的两个行业，平均每增加100万 kW·h 的风电，其他服务业和通用设备制造业就会分别增加5个工作岗位和3个工作岗位，其次风电对于交通和建筑业的就业情况影响也很大，平均每增加100万 kW·h 的风电，交通业和建筑业就会分别增加3个工作岗位和2个工作岗位。

第 10 章
山西省碳中和路径

10.1 碳中和路线图

山西省将在 2060 年前后实现碳中和目标，根据该目标涉及的主要部门和领域，本研究梳理了山西省实现碳中和目标的路径措施，包括重点任务与关键技术。

为实现碳中和目标，山西省需在碳达峰路径的基础上进一步加快可再生能源发展速度，在 2050 年实现非化石能源占比超过 65%，2060 年达到 75%。2050 年，山西省风电和光伏发电各约占全省总发电量的 39%；到 2060 年，山西省风电和光伏发电分别占全省总发电量的 43% 和 42%。按照风电 2 400 h、光伏发电 1 600 h 估算，在满足外调电需求的情况下，山西省 2060 年的风电和光伏发电装机容量应分别达到 1.3 亿 kW 和 1.85 亿 kW。根据山西省风光资源禀赋情况，这样能够满足风电、光伏发展需求，同时山西省屋顶光伏资源充足，可成为光伏发电的有力补充。

碳中和路径下，各部门 2035 年后碳排放增长需求将受到控制。电力部门的碳排放在 2050 年和 2060 年将分别降至 1.07 亿 t 和 0.65 亿 t；工业（不含火电）部门在 2060 年将降至 0.31 亿 t；CCUS 对碳减排的贡献总体增强，其抵消的碳排放将在 2050 年和 2060 年分别增至 0.54 亿 t 和 0.74 亿 t；森林碳汇减排将从 2020 年的 0.33 亿 t 升至 2060 年的 0.79 亿 t（图 10-1、图 10-2）。

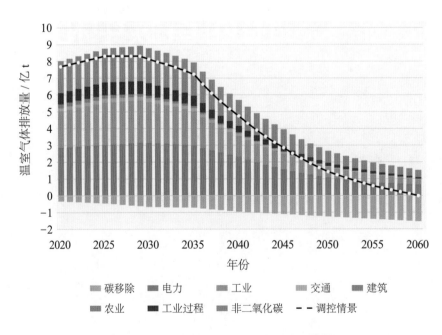

图 10-1 山西省 2020—2060 年碳中和路径

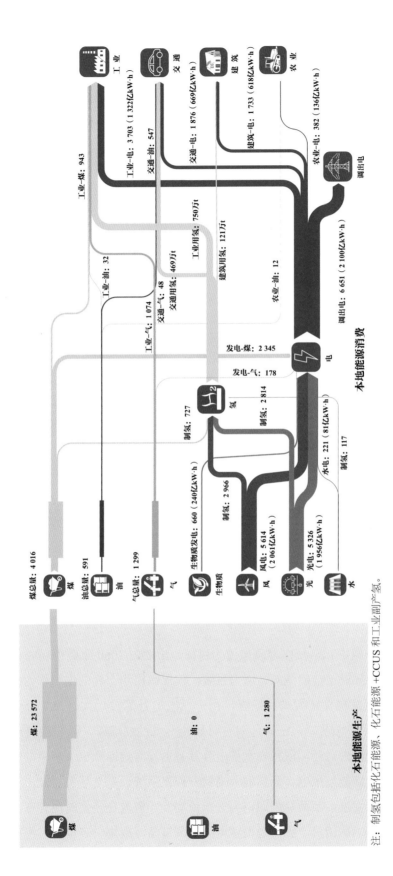

图 10-2　山西省 2060 年能源流通情况（单位：万 t 标准煤）

注：制氢包括化石能源、化石能源 +CCUS 和工业副产氢。

2060年山西省实现碳中和目标时，能源消费总量约为2.36亿t标准煤，较2050年能源消费量有所下降（表10-1）。在供给侧，风电和光伏成为主体能源，分别占能源消费总量的36%和34%，由于电煤大幅削减，化石能源消费量大幅减少，外调电基本维持在2 000亿kW·h左右。在消费侧，各部门主要能源为电力，其在能源消费总量中的占比达到86%，而煤炭以原料为主，集中于煤化工行业，或作为调峰、应急火力发电使用；氢能成为山西省终端用能绿色低碳转型的重要能源载体，可再生能源制氢成为风光电的重要流向之一，可再生能源制氢技术占近90%，同时氢能在终端用能中发挥重要作用，预计在2060年广泛用于交通、工业行业，氢能消费量为1 300万t以上，其中工业和交通分别占氢能消费的56%和35%。

表10-1　山西省2020—2060年碳中和路径关键参数

关键参数	2020年	2025年	2030年	2035年	2050年	2060年
年均GDP增速/%	3.6	8	7	6	2.6	1.6
能源消费量/亿t标准煤	2.12	2.33	2.67	2.74	2.46	2.36
碳排放总量/亿t	6.1	6.7	6.7	6	1.9	1
碳移除/亿t（森林碳汇+CCUS）	0.33	0.44	0.54	0.68	0.75	0.79
煤炭消费占比/%	82.2	75	69.5	57.4	26	17
油品消费占比/%	4.7	5	4	3.8	3	2.5
天然气消费占比/%	5.8	8	8.5	8.8	6	5.5
非化石能源消费占比/%	7.27	12	18	30	65	75
外调电量/（百亿kW·h）	10.3	17.5	19.3	19.3	21	21
人均能耗/t标准煤	6.07	6.53	7.47	7.71	7.31	7.31
人均碳排放/t	15.59	16.76	16.62	15.00	5.64	3.09
单位地区生产总值碳排放强度下降率（与2005年相比）/%	36	52	66	77	94	97

电力行业碳中和路径以零碳电力为目标。山西省2060年碳中和时将形成以风电、光伏为主导的清洁能源新型电力系统，仅保留较小比例的煤电作为应急保障及调峰机组，月度电力消费缺口明显，由于风电的月际波动性，在7月至次年1月存在比较明显用电缺口，2—6月则有明显的出力过剩现象，除在役煤电机组全面参与灵活性调峰外，还需依赖抽水蓄能等具备更长时效性和更大容量的新型储能技术；传统化学储能与风电、光伏的风光储一体化系统已基本具备稳定出力能力，但由于社会经济发展，负荷及外调电力进一步提升，省内在特定时段存在系统出力无法满足负荷需求的情况，应考虑调整电力外调策略，或进一步提升风光储出力效率（表10-2）。

表 10-2　2060 年山西省能源装机及出力情况

年份	项目	装机容量 / 万 kW
2060	煤电	3 000
	燃气	482
	风电	13 000
	太阳能	18 500
	水电	613
	生物质	480
	外送电力	6 000
	储能系统	4 725
	火电灵活性改造	1 127

以风电、光伏、水电、生物质（核电及潮汐能等暂未考虑）为主要出力的绿色电力系统已基本形成，煤电、燃气等化石能源仅保留小部分调峰机组作为应急保障及灵活调峰（图 10-3）。由于风电、光伏、水电受季节气候波动性影响较大，从月度系统整体出力与整体负荷匹配的情况分析，山西省在碳中和阶段应依托制氢储氢、抽水蓄能、压缩空气储能等中长时储能技术实现电力系统月度出力与负荷的匹配，所需中长时储能容量应不低于 949 亿 kW·h，占全年系统总出力的 13.1%；从日均出力与负荷匹配的情况分析，短时储能技术的进步将进一步解决风电、光伏出力波动性的问题。山西省按照短时储能备电时长 10 h 考虑，应建设储能系统配置为 50 000 MW，占山西省风电、光伏合计装机容量的 16%。

到 2060 年，山西省将形成以"集中式大电网＋分布式电力系统"为模式的新型电力系统。以可再生能源作为全省主力电源，依托煤电灵活性改造和抽水蓄能工程实现电网经济、安全、稳定运行。省内通道及外送通道确保可再生能源稳定消纳，进一步提升西电东送"绿电"比例。源网荷储一体化项目的建设实施有效调节了地方负荷与资源不匹配的矛盾，可因地制宜地为地方及企业提供切实可行的绿色转型方案，全面实现碳中和目标。

工业碳中和路径以零碳数字化循环工业为引领。工业部门达峰后将进一步促进工业产业内部结构调整，持续淘汰落后技术，同时针对难以减排和调整的工业部门，推广采用碳移除技术。大规模利用可再生能源和可再生金属资源，大规模推广电气化替代，提高全废钢电炉流程等新技术应用比例，推广 CCUS 技术应用，推广氢冶炼、绿氢炼化、乙烯电裂解炉等颠覆性技术。利用新一代信息技术是工业领域实现碳达峰的关键，应发挥数字赋能作用，发展绿色数字融合技术，以实现工业部门碳中和目标。

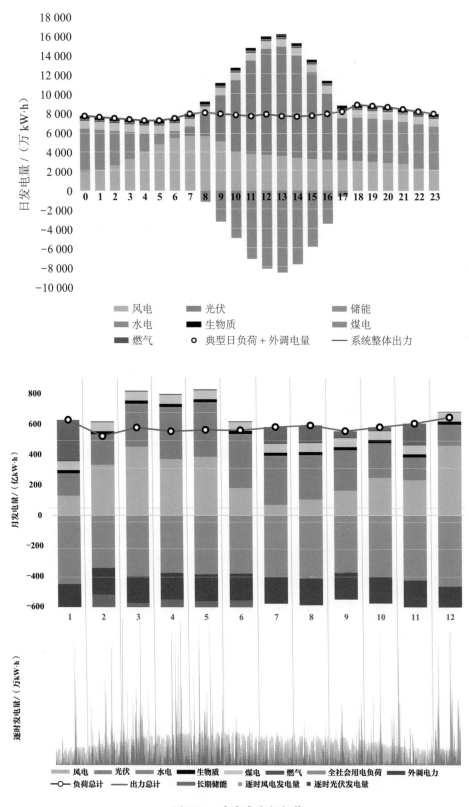

图 10-3 电力发电与负荷

建筑碳中和路径以先进建筑能源技术为主线。碳中和阶段，建筑用能全面实现电气化：优化建筑设计，以先进建筑能源技术为主线，集成世界前沿建筑节能和绿色建筑技术，发展零碳建筑、超低能耗建筑等；将风能、太阳能光伏与建筑一体化，发展光电、热电、生物储能等清洁能源以构建低碳社区、低碳城市；发展光储直柔的配电方式或其他可实现柔性用电的方式，以为电网调峰；发展新型建材和相应的新型结构体系，将二氧化碳固化在建筑中。

交通领域中和路径以零碳智能交通为主导。聚焦航空、铁路、公路等交通部门全领域，加速新能源、新技术应用；小型、轻型道路交通和铁路交通应使用以清洁电力为基础的动力电池，重型道路交通应使用氢能，航空领域应使用氢能、生物质能等。大力发展智能交通，应用"绿色新基建"技术，通过人工智能、大数据、云计算等技术在交通建设和运营方案的综合应用显著提高交通能效，推动共享新业态与信息技术、人工智能的深度融合，建立高效协同的多样化交通方式。

10.2　碳中和主要技术

碳中和关键技术主要包括低碳技术、零碳技术和负碳技术三类。低碳技术是目前的主体技术，广泛分布于各个领域，如能源领域的超超临界发电等电力系统深度脱碳技术、工业领域的工业余热深度利用技术、建筑领域的绿色建材技术等。零碳技术是以零碳排放为特征的一类技术，是近年来关注度最高、发展速度最快、成本降低最为显著的技术。零碳技术主要分为两类，即零碳能源系统技术（主要包括生物质能、风能、太阳能、核能、氢能等能源技术及 CCS 技术）和钢铁、化工、建材、石化、有色金属等重点行业的零碳工艺流程再造技术。负碳技术是指能够吸收二氧化碳等温室气体，相当于产生了"负"排放的一类技术。负碳技术的主要技术类别是二氧化碳移除（CDR）技术，包括生物质能碳捕集与封存（BECCS）、造林和再造林、土壤碳固存和生物炭、增强风化和海洋碱化、直接空气二氧化碳捕集和封存（DACSS）、海洋施肥技术。数字技术、人工智能、互联网、区块链、量子科技等技术作为现代社会的基础技术，正在与社会经济各个领域进行深度融合，技术融合能够通过对生产过程管理、监控、信息传播及优化资源配置和节约成本等方式提升减排潜力和减排效果，以及诞生新的颠覆性技术，在未来具有极大的发展空间并能发挥重要作用。本研究将基于山西能源大省的特点，从实际出发，提出基于山西省的碳中和关键技术路径（图 10-4）。

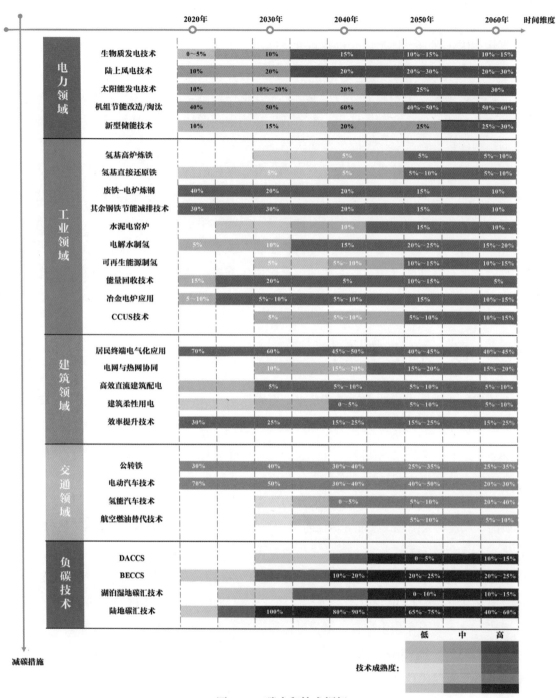

图 10-4　碳中和技术框架

注：数值为该技术在该领域内减排贡献度。

10.2.1　零碳电力系统

能源领域碳中和是山西省实现碳中和的关键。2030 年前煤炭依然是全省的主体能源，为实现碳中和，山西省应从主体能源、主体电源实现煤炭到可再生能源的变更，需要从供给侧和需求侧同时发力。2050 年前后，随着新能源与多时间尺度储能的深度融合，自身发电效率、发电性能大幅提高，成为电力系统的基础保障型电源。在供给端推动风光火储、风光水等多能互补发展模式，在充分考虑本地用电需求的基础上，以新型储能和周边煤电为支撑，通过外送消纳新能源。在消费端结合产业布局，积极推进源网荷储一体化开发模式，实现能源生产和消费方式的根本性改变。构建分布式智能电网，实施需求侧响应，调动负荷灵活调节能力。推动配电网与分布式可再生能源、综合能源系统融合发展，打造高度集成的智慧配电系统。

1. 新能源发电技术

根据《绿色技术推广目录（2020 年）》（发改办环资〔2020〕990 号）及相关规划，风能、太阳能发电技术是零碳技术的发展重点。山西省具有风、光发电的天然优势，可通过新能源发电并网主动支持控制技术、先进太阳能发电技术等提高电网稳定性，从对电网安全的"被动跟随"转变为"主动支撑"，成为维持电网频率、电压的主要载体。

2. 储能技术

储能技术是支撑我国大规模发展新能源、保障能源安全的关键技术之一。实现跨天、跨月乃至跨季节充放电循环的储能系统为长时储能系统，山西省已经有部分企业开始进行长时储能项目建设。长时储能主要与风、光配套来增加消纳及减少电网波动，现阶段仍以锂电池储能为主，待其他成本下降及新能源发电达到一定比例后将走上发展的快车道，这也是山西省未来大力发展风、光新能源发电后必须发展的储能技术。多元化技术包括百兆瓦级压缩空气储能关键技术，百兆瓦级高安全性、低成本、长寿命锂离子电池储能技术，百兆瓦级液流电池技术，钠离子电池、固态锂离子电池技术，高性能铅炭电池技术，兆瓦级超级电容器，液态金属电池和金属空气电池，氢（氨）储能和热（冷）储能等。

3. 煤电、气电低碳化应用及 CCUS 技术

这方面的技术包括超高参数超超临界燃煤发电技术、超临界二氧化碳先进发电系统、深度灵活火力发电技术、燃气发电的掺氢燃烧技术、火电 CCUS 改造等。

4. 虚拟电厂

当前，山西省已开展了虚拟电厂实践。虚拟电厂是聚合优化"源网荷储售服"清洁发展的新一代智能控制技术和互动商业模式。依托现代化的信息通信和先进的智能技术，把多类型、多能流、多主体资源以电为中心相聚合，实现电源侧的多能互补、负荷侧的柔性互动，促进能源流、业务流、数据流"三流合一"，对电网提

供调峰、调频、备用等辅助服务，并为用户和分布式能源等市场主体提供参与电力市场交易的途径。

10.2.2　零碳循环工业体系

在工业部门达峰后，山西省应进一步促进工业产业内部结构调整，持续淘汰落后技术，同时针对难以减排和调整的工业部门推广碳移除技术，主要包括大规模使用可再生能源和可再生金属资源，大规模推广电气化替代，提高全废钢电炉流程等新技术应用比例，推广 CCUS 技术应用，推广氢冶炼、绿氢炼化、乙烯电裂解炉等颠覆性技术，以实现工业部门碳中和目标。碳排放重点行业包括焦化、钢铁、水泥，具体行业路径和技术如下。

1. 焦化行业碳中和路径

随着废钢消费量的明显增加、冶金技术的广泛应用，钢铁及相关行业的焦炭需求量下降，焦炭产量也将逐步下降。在焦化生产环节，应以焦化工艺内的闭路循环、无害化处理和资源化利用为基本思路，加大对焦化厂废物型煤炼焦、生物质炼焦、废塑料炼焦、微波炼焦、全封闭智能数控移动箱式铸造焦等生产工艺和先进焦炉煤气净化工艺这类新兴炼焦技术的研发力度，推进焦化企业进行炼焦技术的升级，提升炼焦生产过程的安全、高效、绿色水平，推广分布式光伏及清洁能源应用。围绕人工智能、大数据、云计算、物联网等新一代信息技术，加快推进焦化企业全流程系统智能化改造，从焦化企业的数字化入手，逐步推动网络化、智能化应用。焦化企业应分系统、分阶段实施数字化改造，从配煤、炼焦、产品回收环节实现全流程生命周期智能化，使安全管理实现源头管控，向系统化、一体化、智能化迈进。从全生命周期的角度研发支撑低碳冶金的新焦化产品，开展富氢高炉所需高强度、高反应性焦炭；向氢冶金（气基直接还原、富氢高炉）规模化供应低成本、低碳富氢还原气或氢气，向化工行业提供合成气，向新能源行业提供高纯氢气。积极推进二氧化碳捕集与资源化利用技术、钢化联产固碳技术。

2. 钢铁行业碳中和路径

近零排放技术（CCUS 和氢能）是钢铁行业实现碳中和的关键技术。此外，通过发展短流程炼钢调整钢铁行业结构也是未来碳中和的关键，能源结构优化和工艺提升带来的碳减排潜力可达 70% 以上。对于长流程钢铁企业而言，传统高炉应在源头采用高炉高比例球团高效冶炼技术、超厚料层烧结降耗减碳技术、生物质燃料在铁矿烧结中的应用技术；高炉布料与软熔带监测技术、超高富氧鼓风全烟煤喷吹技术、高炉富氢燃料高效喷吹技术、富氢碳循环高炉新工艺、低碳冶炼过程造渣技术、含铁尘泥循环处理技术，以及高参数煤气发电、智慧空压站、新一代数字化网络化智能化能源管控平台和全过程碳排放管控平台等先进技术。非高炉工艺革新可采用包括 CSDRI 氢基直接还原、Energiron 直接还原、欧冶炉熔融还原炼铁、Hlsmelt 熔融还原、富氢熔融还原在内的新工艺和新技术。

此外，还可以采用全废钢电炉流程的集成优化技术和氢冶金（氢还原炼铁 + 电炉）技术。全废钢电炉流程的集成优化技术是钢铁行业脱碳的核心技术之一。该技术基于持续液态熔池的全废钢快速熔化新工艺，开展全废钢电炉流程动态运行的优化技术体系，实现全废钢电炉流程的动态 - 有序、协同 - 连续运行，建立高效率、低成本的全废钢电炉流程集成优化技术体系。未来充足的废钢资源将为全废钢电炉流程的发展提供资源保障。氢冶金技术以氢取代碳为还原剂和能源，从源头减少钢铁生产过程的碳排放，同时降低由碳还原剂带入的硫、灰分导致的污染物排放，产出的无碳、低硫的氢可直接还原铁（HDRI），再通过界面衔接技术送入电炉短流程工艺，进行高效、低渣量的纯净钢冶炼，从而构建氢冶金短流程清洁高效生产系统。

3. 水泥行业碳中和路径

建材行业实现碳中和的核心是结构调整，水泥熟料生产过程中碳酸盐分解占 60% 左右，仅依靠生产过程的能效提高、燃料清洁化替代和末端治理是难以实现碳中和的。水泥产量压减（结构调整）是最主要的途径和贡献，占碳减排的 60% 左右，通过 CCUS 技术可实现 13% 左右的减排，通过燃料替代技术预期能实现 9% 左右的减排。水泥生产过程中有 35% 的碳排放来自以煤为主的化石燃料燃烧，因此使用低碳燃料替代化石燃料是水泥行业减排的重要技术路径之一。可以使用有热值的垃圾、废旧轮胎、生物质燃料、氢能替代煤等化石燃料，从而减少化石能源消费量。原料替代是主要的减排路径，即通过使用电石渣、钢渣、黄磷渣、铁选矿污泥和萤石粉末等工业废渣作为原料，每吨水泥熟料最高可降碳 40% 以上。产品结构调整也是水泥降低碳排放的有效途径，发展低碳水泥熟料，如高贝利特水泥熟料、硫（铁）铝酸盐水泥熟料、可碳化硅酸钙水泥熟料、硫氢镁化合物水泥熟料等。低碳水泥复合材料为掺加矿渣、粉煤灰等工业废渣的低碳混合材，该材料的使用可减少水泥熟料的比例，配套的粉磨技术有分别粉磨技术和超粉磨技术等。发展清洁能源电力，可采用屋顶光伏、风能、生物质能和地源热泵等提高生产过程中再生能源的使用比例；在提高能效水平方面，可使用窑炉尾气能量再利用 / 余热发电、减少烧成工艺过程热损失、新型预分解系统等节能减排技术来减少碳排放。

此外，还可采用氢能煅烧水泥熟料技术。该技术可实现绿色能源替代燃煤生产水泥熟料，通过水泥窑炉燃烧工艺技术的调整及热工系统的优化、熟料强化煅烧过程调整等实现水泥熟料煅烧用煤的 100% 替代，从而大幅减少熟料生产中的二氧化碳和污染物排放，提高烟气二氧化碳浓度至 90% 以上，可为 CCUS 等打下良好基础。

4. 数字经济技术

数字经济本身需要电力资源作为基础，其中的区块链、计算机技术、数据库等都会耗费电力资源。在供给侧方面，数字经济可以为节能减排提供相应的技术体系，更好地降低碳排放量。对于需求侧，则要通过数字经济来获取激励，激发整个市场的活力，使消费者与投资者围绕碳中和的目标来开展活动。

推进 5G 基站的建设有利于碳中和目标的实现。通过构建低碳的无机房化模式、智能化模式、室外小型模式，形成更加灵活的机柜。通过简单的形式，以及智能化的节能方案，不但减少了能耗水平，而且提高了通信的效率与速度。在基础设施建设方面，可通过试点的模式扩展合作的范围，引进先进的人工智能算法，淘汰高耗能的设备及技术；通过先进的半导体技术，能扩展可再生能源的应用范围，最终建立一个环保的数据库。通过全面推动下一代云软件、云平台的开发与应用，可以减少能耗，不再使用实体半导体芯片，而是引进最先进的低能耗半导体设备，为数字经济产业的发展打下良好的基础。除此之外，可以全面推广氢动力、电动技术的发展，使交通运输和电子技术实现共享、快捷的目标，还可以采用太阳能技术、新建筑材料、温控换气技术、光伏电池技术，实现建筑物的低碳排放目标，或利用垃圾来进行发电，引进生物沼气发电技术，对资源进行二次利用。目前，国外已经有数字经济企业针对交通行业的实际情况开发出成本低、排放少的生物喷气燃料，不但减少了碳排放量，而且通过数字技术推动了高科技的发展。

此外，还应全面推进数字经济产业的优化。数字经济产业要加快自身的调整和改进，需将节能减排作为原则，避免推进高耗能的技术和项目，对产能等量、减量置换进行监督。不仅如此，也要推进绿色低碳行业的发展，如资源回收行业、环保技术产业、高科技行业等。针对这些行业的情况，制定出相应的战略，使之与 5G 技术、人工智能技术、大数据技术等进行结合，减少碳的排放量，实现节能减排的最终目标。我国已经开始推进基于碳减排的结构性货币政策工具，其中重点发展清洁能源、节能减排技术，并且将引进更多的社会资本。这样的货币政策可以全面促进新基建、新能源、新材料等产业的发展，使数字经济能够实现稳定增长，达到跨周期的目的。

10.2.3 绿氢产业

氢能是用能终端实现绿色低碳转型的重要能源载体，是我国新能源发展的重要组成部分，氢能的开发与利用技术已经成为新一轮世界能源技术变革的重要方向。山西省可再生能源装机量位居全国前列，在清洁低碳的氢能供给上具有巨大潜力。山西省作为重要的能源和工业基地，氢能资源丰富、来源广泛、成本低廉。

1. 制氢

可再生能源电解制氢是目前规模化制取绿氢的唯一方法，包括碱性电解水、固体氧化物电解水、质子交换膜（PEM）电解水 3 种主流技术。当前阶段，碱性电解水已有部分企业商业化应用，而 PEM 电解水及固体氧化物电解水技术具有更高的技术发展潜力，是绿氢制取发展的主要方向。PEM 电解槽成本较高，但占地面积小，且对供电水平要求不高，容易与可再生能源相整合。2060 年风电和光伏等可再生能源制氢将成为山西省发展氢能的重要来源，预计 2060 年山西省可再生能源制氢技术占比将接近 90%。

2. 储存及运输

氢能产业链的中游是存储，高压气态储运技术已商业化，是最为广泛的氢能储运方式。未来将采用高压气态储氢、低温液态储氢和其他有机液态储氢与固态储氢的技术相结合的方式，且低温液态储氢在 2060 年有望逐步商业化。在运输氢气环节，2060 年山西省将采用以管道运输为主、长管拖车短距离运输和液氢罐车短距离运输相结合的方式。

3. 利用

目前，氢能最主要的利用方式是氢能燃料电池，其具有无须燃烧、功率密度高的优点，包括 PEM 燃料电池（PEMFC）、固体氧化物燃料电池（SOFC）、磷酸燃料电池（PAFC）。其中，PEMFC 具有启动最快、寿命最长、能量转化效率高的特点，是现阶段燃料电池汽车厂商普遍采用的燃料电池技术，该燃料电池具有较高的科技集中度，含有大量核心部件，其掌握的关键核心材料相关技术是产业高质量发展的关键所在。此外，欧洲部分地区采用与天然气混合的利用方式，充分利用天然气管道基础，作为过渡阶段的降碳措施，以降低天然气使用量。

可再生能源与氢能耦合发展的技术路径是氢能发展的主要技术路径，通过可再生能源电解水制氢、储存运输、利用，使绿氢进入各行业领域。在当前技术条件下，绿氢已可用于交通领域（氢能汽车）、工业领域（氢能冶炼、化工原料等），且具备较为明确的发展路径。到 2060 年，山西省氢能利用结构将主要集中在工业和交通领域，分别占 56% 和 33%。

10.2.4　零碳建筑

零碳建筑是指在建筑全生命周期内，充分利用建筑本体的节能措施和可再生能源资源，通过减少碳排放和增加碳汇实现净零碳排放的建筑，同时还可以减少其他空气污染物，降低建筑运营成本，改善建筑内部环境，并提高建筑抵御气候变化的能力。源于钢铁、水泥、玻璃等建筑材料的生产和运输，以及现场施工过程的碳排放称为建筑的内含碳排放；源于建筑运行阶段的碳排放，包括暖通空调、生活热水、照明及电梯、燃气等能源消耗产生的碳排放称为建筑的运营碳排放。打造零碳建筑，即在源头上实现全部能耗由场地产生的可再生能源提供，积极采用低排放水泥等绿色建筑材料，充分结合新设备、新技术对建筑内部环境进行节能改造，最大限度地降低建筑供暖、空调、照明能耗。

零碳建筑的建设遵循"被动优先减少需求、主动优化提高能效"的理念，采用一体化设计方案，依托区域的资源禀赋实现碳中和。"被动优先"指通过特殊的采光、保温等设计，营造适宜的微气候，使建筑能够充分利用光照、人体、电器散热及自然风等实现或接近实现恒温、恒湿、恒氧、隔离雾霾的舒适条件。"主动优化"是在被动设计的基础上，强调可再生能源的应用，实现能耗效率与最佳室内气候之间的平衡，有效改善人们的健康水平和居住舒适度。"被动+主动"一体化是建筑场景的综合解决方案，是根据实际的需求场景对相关技术的整合，包括高性能围护结构技术、可控自然通风和采光技术、高效热电联产集中供暖、相变储能技术等一系列涵盖材料、设备、能源、数字系统等领域技术。

在商业建筑和居民建筑领域，山西省应加快推进技术较为成熟的电气化技术，包括燃气灶电能替代、户用高效电热泵供暖及集中式供暖制冷等技术，农村地区应逐步消除炊事及采暖中传统薪柴、秸秆的燃烧，同步提升电气化的应用比例。中后期应积极探索高效直流配电技术及建筑柔性用电等交直流转换供电技术，降低电网电力损耗，提高供电效率。同时，随着人民生活水平的提高，也应关注冬季采暖问题，新建小区及老旧小区改造中需考虑冬季清洁高效供热。

可再生能源建筑主要包括光伏建筑一体化（BIPV）、光伏/光热（PV/T）一体化组件设备，面向不同类型建筑需求的蒸汽、生活热水和炊事高效电气化替代技术，夏热冬冷地区新型高效分布式供暖制冷技术设备，以及建筑环境零碳控制系统城市"光储直柔"建筑电力系统技术。"光储直柔"建筑电力系统利用城乡建筑的屋顶空间安装分布式光伏，在建筑内设置分布式蓄电，将建筑内部供电系统由目前的交流变为直流，并使建筑作为电力负载的性能从目前的刚性转为柔性，从而使建筑从能源系统的使用者转变为能源系统的生产者、使用者和调控者，并更有效地生产和消纳风电、光电。

10.2.5　零碳交通

山西省将逐步探索氢能汽车的应用，加快推广燃氢轮机、固态氧化物燃料电池、低温液态储氢等技术，同时推进航空燃油的生物质等燃料替代，实现交通领域的碳中和目标。具体技术及路径主要包括以下内容。

1. 氢燃料航空发动机技术

航空制造是山西省的新兴支柱产业，新的氢燃料发动机技术将对航空产生重大影响。氢涡轮推进系统是氢燃料在燃烧室内燃烧，然后推动涡轮产生推力或者轴功。氢燃料航空发动机技术是中国航空发动机领域实现"换道超车"的一个全新机遇，重点需要解决低污染氢燃料稳定燃烧、低延时氢燃料控制、液氢稳压换热、氢燃料密封、氢冷量管理。

2. 可持续航空燃料技术

可持续航空燃料（SAF）是一种可与传统航空煤油掺混的航空燃料，可满足与化石基喷气燃料相同的所有技术和安全要求。基于生物质（食用油、动物脂肪、生物质等）的 SAF 的主要优势之一是通过现有的化石燃料基础设施网络进行运输和加注，包括管道和加油站等。

3. 新能源汽车与新型电网双向互动技术

大规模的电动汽车入网是未来智能电网的典型标志之一，山西省在新能源汽车制造方面已有所布局，需要进一步关注相关技术的研发。新能源汽车与新型电网双向互动技术指电动车辆不仅可以作为充电负荷，还可以作为储能设备，通过充电站向电网反馈电能。该技术将电动汽车作为系统灵活调节电源，为系统提供调峰、调频、无功补偿、电能质量等多种辅助服务，提高电网效率和运行的可靠性、灵活性。这样不仅能够为电力系统提供海量且低成本的灵活性资源，有效解决弃风弃光问题，而且能够显著降低电动汽车的全周期成本，从而在经济性上达到甚至优于燃油车。

4. 开展燃料电池汽车规模化应用

山西省具有氢能产业基础，在氢能应用领域重点推广氢能重卡，在有条件的地方积极探索氢能公共交通，以带动氢能全产业链发展。在太原市、晋中市打造全省燃料电池汽车创新与产品研发中心，在长治市建设服务全省、辐射中原经济圈的氢源基地，在运城市建设中重卡整车制造基地。此外，山西省还开展了膜电极研发应用及产业化，以及控制和集成系统研发。

5. 发展智能交通系统

借助先进的信息技术，智能交通系统致力于实现更高效、更安全的交通管理。这些系统可以通过实时数据分析，优化信号灯控制，提高交通流畅性，减少拥堵和零速率行驶，降低油耗和排放。

6. 发展轻量化技术

轻量化技术以材料科学为基础，通过使用轻质而坚固的材料，如碳纤维复合材料来减轻车辆的总重量。这有助于降低能源消耗，提高燃油效率并减少排放。此外，减轻车辆重量还有助于提升整体性能和安全性。

这些技术在不同地区和市场中都得到广泛应用，为零碳交通的实现提供了切实可行的途径。它们不仅有助于减少碳排放，还在提升交通系统效率、降低能源成本及改善城市空气质量方面发挥着关键作用。

10.2.6　零碳农村

依托山西省芮城县庄上村零碳农村建设成功经验，开展碳中和农村建设。芮城县陌南镇庄上村被农业农村部和联合国开发计划署授予"中国零碳村镇项目"试点村，是国内外首个农村"光储直柔"新型电力系统的技术和商业试点。依据该试点经验，山西省碳中和农村建设主要包括以下路径。

1. 绿色低碳生产生活方式

推动农村生产生活电气化，通过政府主导、电网支撑、各方参与的方式，提升农村电气化水平。农村实现清洁供暖，大力推广太阳能、风能供暖，因地制宜推广户用成型燃料＋清洁炉具供暖模式，实现供暖散煤清零。引导农村居民绿色出行，引导充电业务运营商、新能源汽车企业在大型村镇、易地搬迁集中安置区、旅游景区、公共停车场等区域建设充换电站，优先推进县域内公务用车、公交车、出租车使用电动车，建立车桩站联动、信息共享、智慧调度的智能车联网平台，推动新能源汽车成为农村微电网的重要组成部分。

2. 农村新能源＋产业

鼓励能源企业发挥资金、技术优势，建设光伏＋现代农业。农业企业、村集体在光伏板下开展各类经济作物规模化种植，提升土地综合利用价值，推广"新能源＋生态修复、矿山治理"等模式。在林区合理布局林光互补等项目，打造一体化生态复合工程。建设"新能源＋农村景观"示范，推动新能源与公共设施一体化发展。推动农村生物质资源利用，引导企业有序布局生物质能发电项目。

3. 减排固碳

大力发展绿色低碳循环农业，推进农光互补、"光伏＋设施农业"等低碳农业模式。研发应用增汇型农业技术。开展耕地质量提升行动，提升土壤有机碳储量。合理控制化肥、农药、地膜使用量，实施化肥农药减量替代计划，加强农作物秸秆综合利用和畜禽粪污资源化利用。

4. 开展零碳农村建设

采用"光储直柔"技术（光是指分布式太阳能光伏；储是指分布式蓄能，配备储能双向变换器；直是指低压直流配电系统；柔是指柔性用电），让分布式光伏与电网智能安全高效匹配，在缓解电网增容压力下保持稳定、安全用电。充分利用农村建筑设施和农户屋顶，铺设分布式光伏，合理配置储能，带动建筑设施照明、生产、取暖等直流设备，实现分布式光伏就地消纳，为农村生产生活提供清洁能源。芮城县全域、运城市、临汾市及其他省份已经开始推广"光储直柔"技术，全面复制"庄上模式"。

新型农村能源系统案例提供的具体经验如下：充分开发利用农村各类闲置的屋顶资源，发展光伏发电，每户装机 20 kW 以上；农业机械全面电气化，发展标准化电池的换电方式，每个农户可拥有 60 kW·h 以上的蓄电池；每户屋顶发电量可满足用户生活（包括炊事、采暖）、农机具、交通等全部用能，尚可剩余一半电力，用于公用和送电上网；整村实现全面电气化，取消燃煤、燃气、燃油、生物质燃料，运行特点是只发电上网，不从电网取电。

10.2.7 碳移除

1. 巩固生态系统固碳作用

稳定现有森林、湿地、草地、土壤等生态系统的固碳作用。依托"绿水青山就是金山银山"理念，着力构筑黄河流域生态防护屏障、环京津冀生态安全屏障、中条山生物多样性保护屏障三大生态屏障，围绕"七河"稳步推进太原、大同、长治、临汾四大城市群林草生态建设，聚焦黄河流域精心打造黄河流域北部生态修复区、中部生态治理区、汾河上游"华北水塔"生态重建区、太行山北段生态建设区、中段生态恢复区五大科学绿化区。

2. 增加森林综合效益

科学经营森林，加大林业投入力度，提高森林集约经营水平，提升森林质量等人工管理措施是增加森林综合效益的有效手段。多角度探索林业碳汇产业链发展，科学挖掘造林绿化潜力，鼓励在废弃矿山、荒山荒地、裸露山体上恢复植被。建立健全林业碳汇产品价值实现机制，研究设立绿色碳汇公益基金，将林业碳汇纳入生态保护补偿范畴。

3. 加强林业碳汇建设

制定实施本省碳中和林业行动方案，增强森林、湿地生态系统固碳能力，降低因资源破坏、森林灾害造成的碳排放。强化林业碳汇计量监测技术研究，完善林业段系统。

碳汇计量监测体系建设，开展林业资源碳汇能力监测评价。推进碳中和林业行动，探索建立政府引导、市场运作的"碳汇+"多元化生态产品价值实现机制。支持有序开展全省林业碳汇项目开发，保障林权所有者权益。加强林业碳汇宣传，普及林业碳汇知识。鼓励社会资本参与林业碳汇建设。

4. 提升生态系统碳汇能力

强化森林资源保护，实施森林质量精准提升工程，提高森林质量和稳定性，强化低产低效林改造、中幼林抚育、大径材和阔叶树种培育及国有林场场外造林等多种措施，加快森林质量提升步伐，全面加强森林湿地资源保护。加强草原生态保护修复，提高草原综合植被盖度。加大退化土地修复治理力度，实施历史遗留矿山生态修复工程。

5. CCUS

开展CCUS一体化示范工程及产业化建设，加大CCUS技术研发投入力度，重点在火电、水泥、钢铁、化工等行业开展CCUS示范。选择资源条件良好、源汇匹配适宜的区域建设二氧化碳输送管网，开展产业集群集中建设。根据对我国CCUS地质封存潜力空间格局的分析，山西沁水—临汾盆地具有较大的封存潜力，封存量在5 000万～10 000万t。具体技术包括CCUS与工业流程耦合技术及示范、新型低能耗低成本碳捕集技术、二氧化碳高值化利用技术、与生物质结合（BECCS）的负碳技术，开展区域封存潜力评估、封存技术研究与示范；基于生物制造的二氧化碳转化技术，构建光—细菌/酶协同催化、细菌/酶和无机/有机材料复合体系二氧化碳转化系统；二氧化碳与环氧乙烷生产可降解塑料技术、二氧化碳-甲烷重整制备氢气-一氧化碳技术、人工光合作用将二氧化碳催化转为有机物技术等。

10.2.8 煤矿甲烷综合利用

1. 低浓度瓦斯减排技术

低浓度瓦斯是煤矿甲烷排放的重要贡献者，碳中和阶段应深入推进低浓度瓦斯高效提纯技术、超低浓度通风瓦斯催化氧化销毁和余热利用技术等末端治理技术的研发，深入开展富集和纯化工艺的研究，拓宽低浓度甲烷绿色利用阈值，从而实现煤矿的低碳绿色开采。低浓度瓦斯减排技术的主要减排途径为发电（5%～30%），低浓度瓦斯的爆炸范围为5%～16%，低浓度瓦斯面临的技术难题是防止在输送和利用过程中瓦斯爆炸事故的发生。在低浓度瓦斯输送技术中的安全问题得到解决后，低浓度瓦斯发电技术也逐步发展成为成熟度较高的技术。低浓度瓦斯提纯技术的重点和难点在于经济高效地实现甲烷与氮的分离，目前普遍采用变压吸附技术。

2. 通风瓦斯减排技术

通风瓦斯的体积分数一般在 0.75% 以下,有效的通风瓦斯利用技术是煤矿甲烷排放控制的关键技术,国内外利用方式分为两大类:一类是作为主燃料的利用方式,采用逆流式热氧化和逆流式催化氧化这 2 种技术;另一类是作为辅助燃料的利用方式,采用混合燃烧技术,目前发展前景较大的是双向蓄热式氧化技术,我国已有多个氧化供热项目投产运营。与热氧化技术相比,催化氧化技术可以使通风瓦斯的自燃温度由 1 000℃降至 350℃左右,是碳中和目标下煤矿瓦斯利用技术发展的未来主流方向。

10.2.9 NbS 碳减排技术

在应对气候变化领域,基于自然的解决方案(nature-based solutions,NbS)可以通过保护、修复和可持续管理生态系统,提升生态系统的服务功能,增加碳汇,从而有效减缓和适应气候变化,提高气候韧性,同时为人类福祉和生物多样性带来益处,成为推动应对气候变化和生物多样性保护协同增效的重要纽带。

1. 基于信息共享的 NbS 碳减排机制

打通应对气候变化与生物多样性保护的信息协同共享渠道,做好部门数据信息联动,建立 NbS 参与多领域协同治理的工作机制。明确界定相关部门的职能分工,搭建 NbS 参与多领域协同治理平台,建立完善的跨部门数据信息共享机制,加快信息交换传递,消除数据孤岛。提高部门间协调配合工作能力,重点推动跨部门、跨层级开展 NbS 参与协同治理的信息共享和业务协同,以多源数据驱动气候变化和生物多样性保护的高效统筹、协调联动和融合发展。

2. NbS 协同推进各领域碳减排

在转变发展方式方面,按照 NbS 理念构筑环境友好、绿色低碳的产业体系,推进产业转型升级,研发推广绿色技术,提高资源利用效率。NbS 可为矿区的污染源头控制与生态修复提供新的技术路径,采取生态化工程和环境友好管理措施,保护生态系统的完整性和原真性,在保护生物多样性与地质地貌多样性、维护自然生态系统健康稳定的同时,还可实现土地节约集约利用。在推进能源变革方面,可按照 NbS 准则,构建新能源发电、生态修复、扶贫致富、生态旅游、荒漠治理等多位一体发展模式,实现经济效益、生态效益和社会效益多元目标。在推行绿色设计和循环经济方面,NbS 支持减少自然资源的"消费"、增加自然资源的"生产",要求在产品的生产和使用过程中从原料到服务尽可能地减少污染物的产生量,以环境友好的方式利用自然资源和环境容量,实现经济活动的生态化。

3. 应用 NbS 提高适应气候变化的综合能力

推进森林、水资源、城市重点领域应用 NbS 路径，以提高适应气候变化的能力。科学设计 NbS，提高对树种、林地管理、土壤类型和原生土地覆盖的认识，通过增强生态系统及其栖息地和物种的健康、多样性和连通性，鼓励使用多样的本土物种，为生物多样性保护带来可衡量的显著效益。在水资源保护、城市生态建设等重点领域，推动通过湿地保护、城市绿色基础设施建设等提升适应气候变化的能力，特别是气候变化下区域和城市综合防灾减灾的能力，提高应对自然灾害的韧性。推动非工程化措施在城市生态修复等领域的实施，并在工程措施实施过程中充分融入"人与自然和谐共生"的 NbS 理念。

4. 开展 NbS 典型示范

选取典型城市或者区域围绕可再生能源发展、矿产资源开发保护、生态产品产业发展等重点领域，结合区域应对气候变化行动、新能源发展规划、生态保护红线管控、废弃矿山综合治理、生态保护修复工程实施等，按照 NbS 准则，设计优化方案，注重效益评估和反馈机制建立，开展基于 NbS 应对气候变化与生物多样性保护协同增效的地方实践。探索将 NbS 的生物多样性保护理念、路径等纳入示范地区的能源结构调整、城乡人居环境治理、绿色产业开发等全过程，指导示范地区科学制定"双碳"战略实施细则，推动 NbS 纳入应对气候变化与生物多样性保护政策主流。

10.3　碳中和战略布局

本节通过对碳中和关键技术的识别，根据山西省各地区当前产业布局与资源禀赋，谋划山西省碳中和战略布局，围绕新能源、新材料、新装备等山西省主要经济支撑产业，在各项技术逐步发展成熟的前提下，初步提出山西省在碳中和目标约束下产业战略布局（图 10-5）。

一是建设外输电能源基地。在晋北地区布局风光新能源发电外送基地，在晋中南地区布局可再生"新能源＋储能"。依托山西煤炭大省特色，推进晋北、晋东、晋中三大煤炭基地转型升级，建设"5G+ 智能矿山"，实现煤矿开采"少人化、无人化、安全高效"。全面推进绿色智慧矿山建设，加快人工智能、大数据等信息化技术与煤炭开发深度融合，因地制宜推广矸石返井、充填开采、保水开采、无煤柱开采等煤炭绿色开采技术。

　　二是进行氢能产业发展布局。在大同、朔州、忻州、吕梁等风光资源丰富地区发展再生能源制氢和储能；在太原、吕梁、阳泉、长治等工业园区（矿区）集聚区域充分利用工业副产氢，就近消纳，带动运输、焦化、化工、氯碱等行业转型升级。

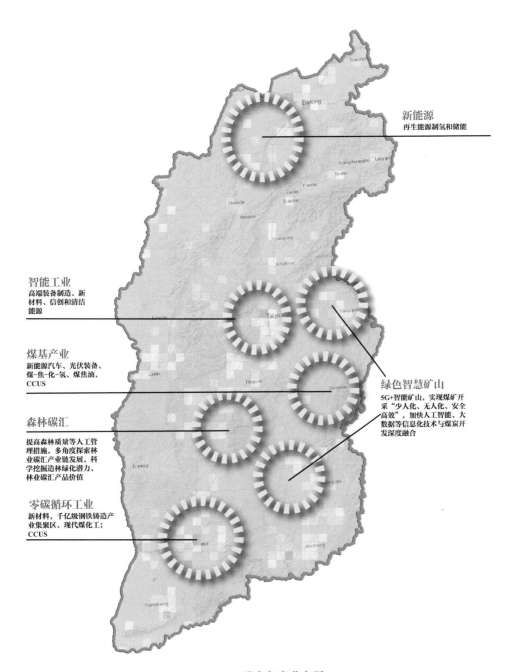

图 10-5　碳中和产业布局

1. 晋中地区

太原市重点发展高端装备制造、新材料、信息技术应用创新（以下简称信创）和清洁能源等产业，以山西资源型经济转型综合配套改革试验区为核心，重点推进省级信创产业园建设，打造国家级信创产业基地。全面推动以芯片研发、整机制造、软件等为主导的太原市信创产业。打造中部城市群的金融中心、科创中心、品质消费中心。发挥国家超级计算太原中心作用，全面加快商贸、物流、金融等服务业数字化转型。

晋中市重点发展新能源汽车、光伏装备、现代医药、现代农业等产业，发挥晋商文化影响力，建设晋中国家文化生态保护区。建设孝义市、介休市、清徐县千万吨级焦化集聚区和交城县 500 万 t 焦化聚集区，打造煤 - 焦 - 化 - 氢、煤焦油多联产深加工产业链。

吕梁市重点发展铝镁精深加工、大数据、光伏、氢能产业，打造黄河流域生态保护和高质量发展先行区。加快以山西资源型经济转型综合配套改革试验区、吕梁生物基新材料产业集群建设，孝义梧桐经济开发区为核心，形成以生物降解塑料为主导的吕梁产业集群。

阳泉市重点发展新型耐火材料、新能源电池材料、数字经济、煤机装备、清洁能源、节能环保等产业，打造石太经济走廊重要枢纽。以阳泉市数据中心产业园为重点，"人 - 车 - 路 - 云"协同示范打造区域智能网联汽车产业集聚集群。

2. 晋北地区

忻州市重点发展半导体材料、法兰锻造、煤机装备、文旅康养、现代农产品加工等产业，打造服务建设融入京津冀和雄安新区重要走廊，建设忻州复合半导体全产业链产业基地，推进微波功率放大器、滤波器等标杆项目建设，集聚服务微波集成电路芯片制造的上下游产业。依托繁峙经济技术开发区等重点园区，打造忻州光伏产业集群。

大同市布局发展先进制造、通用航空、新能源、大数据等新兴产业，建设全国性综合交通枢纽和陆港型国家物流枢纽承载城市。形成以重载电力机车为主导的大同产业基地，以大同经济及黑色素开发区、山西资源型经济转型综合配套改革试验区、上党经济技术开发区为重点，发展氢燃料电池汽车产业，重点打造大同储氢、氢燃料电池、整车、加氢综合站一体化氢燃料汽车产业基地。

朔州市依托桑干河生态经济带融入京津冀，建设具有塞北文化特色、自然景致的园林城市。依托神电工业园区、怀仁陶瓷工业园区等开发区建设朔州市煤矸石综合利用产业集群。

3. 晋南地区

临汾市重点发展装备制造、现代煤化工和新材料，形成临汾千亿级钢铁铸造产业集聚区。

长治市发展装备制造、高端 LED、生物制药等产业，建设全国创新转型示范城、太行山水文化区，依托长治光电产业园打造以 LED 照明、紫外 LED 为主导的国家级 LED 照明产业集群。依托潞城区史回工业园区等开发区，建设长治市工业资源综合利用基地。

运城市重点发展先进制造、新型材料、现代农业、旅游等产业，建设黄河流域生态保护和高质量发展示范区。以山西资源型经济转型综合配套改革试验区、不锈钢工业园区为核心，在运城闻喜经济技术开发区、盐湖区高新技术开发区、河津经济技术开发区形成运城市汽车产业集群；依托永济经济技术开发区，形成以机车车辆电动系统为主导的运城产业基地。

晋城市大力发展智能制造、光机电产业、新能源、煤层气产业，建设绿色转型示范城市、能源革命领跑城市。加速推进晋城市光电产业集群发展，将晋城打造成"世界光谷"，以晋城经济技术开发区为核心，形成以钨钢为主导的晋城产业集群。依托高平煤矸石综合利用产业集群、沁县瓦斯发电产业集群、阳城粉煤灰和脱硫石膏综合利用产业集群，建设晋城市工业资源综合利用基地。

10.4 碳中和经济社会分析

在 2035 年之后，山西省第一产业占比整体变化不大，第二产业总体呈现下降趋势，第三产业比重总体呈上升趋势。从行业细分来说，其他服务业（S40）和批发、零售和住宿、餐饮（S34）行业是未来山西省主要经济支柱产业，尤其是其他服务业（S40）行业在 2035—2045 年继续上升，在 2060 年增加值将突破 55%，整个第三产业占比将达到 72.7%。第二产业中的所有行业都在大幅下降，2060 年第二产业占比已经不足 30%。在第二产业中，煤炭采选产品（S2）和建筑业（S33）仍是山西省占比较大的两个行业，在碳中和情景下，其行业增加值占比也在逐渐下降，截至 2060 年下降幅度约为一半。

数字经济占比在大幅上升，第一产业和第二产业中数字经济占比每五年增速基本不变，第三产业数字经济占比每五年增速降至 5% 左右。到 2060 年，山西省数字经济将占总地区生产总值的 81%。

在碳中和情景下，山西省就业情况的变化与产业结构的变化基本类似，未来将有越来越多的就业岗位流入第三产业，第一产业保持稳定，第二产业总体呈下降趋势。从行业细分来说，由于第一产业占比在2035年后基本维持在10%以内，因此其就业形势也基本保持了稳定状态。第二产业中，就业人数在2035年后出现明显下降，尤其是煤炭采选产品（S2），其就业人数降至2020年的30%。相反，第三产业的就业情况与产业结构变化一致，一直呈上升趋势。在2060年全社会就业人数近80%在第三产业，尤其集中在其他服务业（S40）及批发、零售和住宿、餐饮（S34），其他服务业在2060年就业人口占比突破了一半。运输行业的（S36、S37、S38和S39）就业情况较为稳定，没有较大的变化。

第 11 章

重大政策建议

山西省碳中和政策框架见图 11-1。

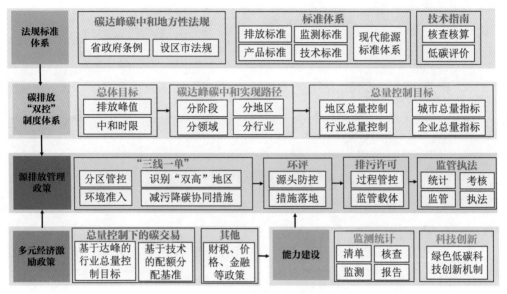

图 11-1　山西省碳中和政策框架

11.1　法规标准体系

11.1.1　积极推进碳达峰碳中和地方立法

加强碳达峰碳中和领域相关法规制（修）订，全面清理现行地方性法规中与碳达峰碳中和工作不相适应的内容，推动制（修）订《山西省节约能源条例》《山西省煤炭管理条例》《山西省循环经济促进条例》《山西省大气污染防治条例》等促进应对气候变化和碳达峰碳中和工作的相关地方性法规，按照上位法修订情况及时修订山西省能源领域相关地方性法规等。发挥设区市生态环境立法职权，鼓励和推动有条件的地方在促进煤炭清洁高效利用等方面立法先行。

11.1.2　加强应对气候变化标准顶层设计

构建由管理类标准，监测、报告与核查标准，行业企业排放标准，低碳评价标准等构成的应对气候变化标准体系框架，扎实推进应对气候变化地方标准的制（修）订，逐步融入生态环境标准体系。开展移动源大气污染物和温室气体排放协同控制相关标准研究。探索制定清洁煤、粉煤灰、煤矸石环境友好型消纳等促进煤炭、煤电行业高质量发展的地方标准。聚焦可再生能源、储能、氢能等领域的发展需求，加快建设省级现代能源标准体系。

在排放标准方面，采取控制浓度与提升效率相结合的方式，按照与气候变化影响的相关度，针对电力、钢铁等排放行业和移动源等领域增加能效、碳排放强度等指标，分时段制定标准限值与控制要求。在燃料使用与控制标准方面，率先选取煤电、钢铁、建材、焦化等行业，以提升行业整体技术水平，以加快能源清洁化、低碳化为目标，探索实施以煤炭品质、单位产品耗煤量为主要指标的控制标准，提升企业的综合绩效水平。在绿色产品与技术性能标准方面，将低碳指标、环保指标相结合，综合设定绿色产品绩效指标与技术性能标准，促进现有产品绿色标签评价标准的修订和升级，扩大绿色标签适用范围，加强企业对绿色产品的设计、生命周期管理和材料替代等领域的技术开发。

11.2　推动从能耗"双控"向碳排放"双控"转变

11.2.1　加快创建全国能源革命综合改革试点先行区

强化能耗强度约束性指标管理，合理确定各地区能耗强度降低目标。落实新增可再生能源不纳入能源消费总量考核、原料用能不纳入能耗"双控"考核和国家重大项目能耗单列政策要求，增强能耗总量管理弹性。到 2025 年，非化石能源消费比重达到 12%，新能源和清洁能源装机占比达到 50%，发电量占比达到 30%，单位地区生产总值能源消耗和二氧化碳排放下降确保完成国家下达的目标，基本建立推进能源绿色低碳发展的制度框架，基本形成法制完备、统一开放、竞争有序的现代能源市场体系，能源市场价格形成机制进一步完善，能源监管效能进一步提升，能源领域标准体系进一步健全，构建以能耗"双控"和非化石能源目标制度为引领的能源绿色低碳转型推进机制。到 2030 年，煤炭消费逐步减少，非化石能源消费比重达到 18%，新能源和清洁能源装机占比达 60% 以上，重点耗能行业能源利用效率达到国内先进水平，部分达到国际先进水平，清洁低碳安全高效的现代能源体系初步建立，基本建立健全能源绿色低碳发展基本制度和政策体系，非化石能源逐步满足能源需求增量，能源安全保障能力全面增强。

严格合理控制煤炭消费增长。原则上不新增企业燃煤自备电厂。有序推动煤炭减量替代，巩固"禁煤区"成果，深化分散燃煤锅炉、工业窑炉和居民散煤治理，大力推广适用洁净燃料和高效清洁燃烧炉具，逐步实现全省范围散煤清零。推进用能预算管理试点建设。鼓励各地区采用先进能效和绿色能源消费标准，强化节能和绿色消费理念宣传，开展绿色能源消费示范建设。

鼓励各地区因地制宜探索可再生能源发展模式。按就近原则优先开发利用本地可再生能源资源，加大可再生能源开发力度。重点推动晋北、晋西等地区优质风能资源区域的风电项目开发，合理开发中南部等丘陵和山区较为丰富的风能资源。建设风电光伏五大基地，支持大同市抓好风光火储及源网荷储一体化。推进氢能、地热能、生物质能等的开发利用，力争开工 5 个以上抽水蓄能项目，加快推进 2 座新能源汇集站建设，发展移动储能。

11.2.2　实施重点地区碳排放总量控制

根据山西省碳排放结构特征，丰富碳强度目标体系，加强碳强度指标落实，探索将地区碳强度指标进一步分解落实到各分管部门和责任主体。鼓励有条件的地区结合本地特点对电力、工业、交通、建筑和农业等领域分别提出碳强度 / 绩效目标，明确各领域重点任务和降碳措施，推动地区碳强度目标落地。根据全省各城市达峰状态分析结果，选择重点城市探索能耗"双控"向碳排放总量和强度"双控"转变的有效方式，坚决遏制高耗能、高排放的低水平项目盲目发展。

率先在阳泉市、运城市实施地区碳排放绝对总量控制。综合考虑碳排放构成及管理基础，将排放领域分为重点控制领域和一般控制领域并进行分类管理，煤电、钢铁、炼焦等重点工业行业应当作为重点控制领域实施管理。针对重点控制领域，实施企业层面的总量控制，明确行业目标、企业指标，建立全口径企业排放清单。对一般控制领域实施减排任务管理，设定碳排放强度控制目标、新增量控制目标和重大减排任务量目标，将新增排放源作为总量控制重点，同时算清现有源减排量，建立新增碳排放源清单和减排项目清单。

在太原、大同和长治三市实施碳排放增量控制。以"严控增量、优化存量、淡化总量"为先导稳步推进总量控制。重点围绕煤焦化、煤电、钢铁、铸造等行业新增或扩建排放源，开展总量核算、考核、统计，淡化基数、算清增量，逐步夯实统计核算体系；合理确定增量控制目标，依托环评审批和环境准入管理为全面推进绝对总量控制奠定基础。

11.3　构建碳排放源头防控体系

11.3.1　探索"三线一单"减污降碳协同管控技术路径及管理模式

"十四五"期间，综合考虑"三线一单"编制路径和温室气体排放特征，构建基于管控单元的温室气体排放源清单，形成污染物与温室气体双管控的生态环境精细化空间格局。各地区可结合各自的基础条件采用"自上而下"或"自下而上"的方法，将二氧化碳清单分类映射到原有环境管控单元，增加碳类、碳源属性，有条件的地区还可以增加碳汇属性。

在太原、吕梁、阳泉、长治等城市选择典型园区，建立减污降碳准入清单与园区环评、项目环评的映射机制，分别从产业准入、能源消费、排放标准、总量控制等方面梳理减污降碳协同管控措施，建立减污降碳准入清单。"十五五"期间，在阳泉、运城、太原、大同等地深入探索减污降碳精细化分区管控体系，衔接地区碳排放总量控制目标，建立城市层面的碳排放总量控制底线，结合"双碳"目标优化资源能源利用上限。

11.3.2　开展重点行业建设项目碳排放环境影响评价

聚焦火电、钢铁、煤化工、水泥等重点行业，探索开展温室气体排放环境影响评价试点。深入摸清碳排放现状，建立山西省重点行业碳排放管理台账，分行业识别关键排放环节和评价重点。围绕排放绩效、资源能源消耗、协同技术应用、交通运输方式等方面建立环境影响评价指标体系，结合各行业平均水平和标杆水平，提出各指标评价基准，重点研究单位产品/原燃料碳排放绩效分级评价基准。探索环评制度推动减污降碳协同管理模式创新，以支撑和落实碳排放总量和强度"双控"制度为基本思路，尝试在现有环评制度体系下将建设行为的事前准入、事后监管、统计核算、监督执法等方面纳入温室气体管理要求，结合各地区碳达峰进程与目标要求探索差异化的协同管理模式。

11.4　建立多元化的经济激励政策体系

11.4.1　推动建立总量控制下的碳交易市场

在参与全国电力行业碳市场的基础上，推动建立钢铁、焦化行业省级碳市场，根据山西省工业行业碳达峰路径及钢铁、焦化行业排放构成与特点，结合工艺结构调整、能效水平提高，加快燃料替代技术、节能减排技术和 CCUS 技术等的推广应用进度，确定各行业碳排放总量控制目标、碳配额分配基准值，建立基于行业总量控制的地方碳交易市场。采用基准法核定现有企业碳配额，全部企业配额总量不得超过行业碳排放总量控制目标。利用碳市场的数据核算、报送与核查制度，为企业碳排放总量管理提供数据，加强碳排放履约监管，加大对超总量排放企业的惩罚力度。

11.4.2　加大财税支持绿色低碳发展力度

优化整合相关领域专项资金，加大财政资金扶持力度，支持绿色低碳发展。设立碳达峰碳中和投资基金，重点支持能源、工业、交通等领域的绿色低碳发展。发挥政府专项债券政策支持作用，更好地服务碳达峰碳中和工作。推行政府绿色采购机制，引导绿色产品和绿色产业发展，促进绿色消费。统筹利用现有资金渠道，重点支持农村清洁取暖改造、煤矿安全改造等基础设施建设和公共服务类项目。

持续加大投资补助、贷款贴息、税收减免等方式在节能改造、能源领域的先进技术和设备研发及资源综合利用等领域的财税扶持补贴力度。落实国家可再生能源税费减免政策，为清洁低碳能源发展营造良好的营商环境。加大政府专项债券对符合条件的重大清洁低碳能源项目的支持力度，完善专项债券"借、用、管、还"全周期管理。强化环境保护、节能节水、新能源和清洁能源车船税收优惠政策落实。持续落实销售自产的利用风力生产的电力产品的增值税即征即退 50% 的政策，落实国家关于可再生能源并网消纳等财税支持政策。

11.4.3　深入开展气候投融资试点

推进太原、长治首批国家气候投融资试点建设，支持其他有条件的地区申报国家气候投融资试点。推动山西能源转型发展基金投资向碳达峰碳中和领域倾斜。鼓励支持企业采取基础设施领域不动产投资信托基金（REITs）等方式盘活存量资产，投资相关项目建设。完善绿色金融激励机制，严格控制高能耗、高碳排放项目信贷投放，积极推动支持煤炭清洁高效利用专项再贷款和碳减排支持工具在山西省有效落地，鼓励金融机构创新适应清洁低碳能源特点的绿色金融产品，探索推进能源基础信息应用，推动符合条件的企业发行碳中和债券、可持续发展挂钩债券等。加大金融机构对科技程度高、资本密度低且处于种子期、初创期能源"双创"项目的金融支持力度。畅通能源投资项目融资渠道，积极培育符合条件的能源企业开展股票上市融资。鼓励低碳技术研发和产业化应用企业进入基础设施和公用事业领域，优先支持低碳企业在山西股权交易中心挂牌融资。

建立山西省气候投融资统筹管理机制和体系，成立气候投融资工作小组，统筹推进相关工作；制定投资负面清单，抑制高碳投资，组织开展气候项目储备工作；探索差异化的投融资模式、组织形式、服务方式和管理制度创新；探索建立山西省气候投融资产业促进中心，成立山西省气候投融资专业委员会，为应对气候变化主管部门、金融主管和监管部门等制定气候投融资政策提供决策支持；积极与国际金融机构和外资机构开展气候投融资合作。

11.4.4　深化国际合作

深化与世界银行、亚洲开发银行等国际组织及德国北威州、日本埼玉县等国际友好地区的务实合作，充分利用外部资金及专家资源支持碳达峰碳中和相关领域工作；围绕新能源技术研发应用、非二氧化碳温室气体排放监测与减排、碳排放权交易、城市碳中和技术等热点领域，建设一批国际合作示范项目；鼓励各级政府、高校、科研机构、行业协会、企业等多层面、多渠道开展应对气候变化和低碳发展国际交流与合作，打开应对气候变化国际合作新局面，建立长期性、机制性的气候变化合作关系，推进山西省能源的绿色低碳转型。

11.4.5　建立健全绿色低碳价格导向机制

持续深化电价改革，结合电力市场建设，完善风电、光伏发电、抽水蓄能、新型储能价格形成机制，完善新型储能参与电力市场的机制。完善居民阶梯电价制度、绿色电价政策，综合运用峰谷电价、居民阶梯电价、输配电价机制等支持电供暖企业和用户获得低谷时段的低价电力。整合差别电价、阶梯电价、惩罚性电价等差别化电价政策，基于市场化电价形成机制，统筹完善高耗能行业阶梯电价制度，对能源消耗超过单位产品能耗限额标准的用能单位严格执行惩罚性电价政策，对高能耗、高排放企业按照限制类、鼓励类等实行差别电价政策。制定出台"煤改电"电价补贴和支持冬季清洁取暖的供气价格政策。全面放开竞争性环节电价，完善分时电价、阶梯电价等绿色电价政策，加大峰谷电价差，全面落实战略性新兴产业电价机制。

11.5　强化应对气候变化能力建设

11.5.1　加强甲烷管控能力建设

加强甲烷自主立体遥感监测能力。推进"十四五"期间山西省甲烷排放自主监测产品快速生产能力；实现卫星与车载移动监测、无人机和航空器等巡航监测技术手段共用，抓紧建设布局合理、先进完备的地基遥感观测网，实现甲烷全方位立体遥感监测，提升山西省、区域、城市及点源等多尺度甲烷排放监测能力水平。开展煤炭及油气行业甲烷排放立体遥感监测及排放核算试点工作。推动甲烷卫星遥感监测技术规范等相关标准规范的制（修）订。加大相关技术研发力度。

加快甲烷监测、核算、报告和核查体系建设。在现有的生态环境监测体系下开展甲烷环境浓度监测，逐步建立地面监测、无人机和卫星遥感等天空地一体化的甲烷监测体系。在煤炭重点行业企业探索开展甲烷排放监测试点。推进建立重点行业企业甲烷排放核算和报告制度，逐步实现煤矿大型排放源对甲烷排放数据的定期报告。结合国家和省级温室气体清单编制工作，建立甲烷排放年度核算机制。组织开展数据核查、抽查和现场检查工作，稳步提升甲烷排放数据质量。

11.5.2　建立支持能源绿色低碳转型的科技创新体系

推动怀柔实验室山西基地建设，发挥煤转化国家重点实验室、煤与煤层气共采国家重点实验室、国家煤基合成工程技术研究中心等能源领域国家级创新平台的作用，形成以战略支撑科技力量为引领、企业为主体、市场为导向、产学研用深度融合的能源技术创新体系。支持行业龙头企业联合高等院校、科研院所和行业上下游企业共建科技创新平台，开展联合攻关和协同创新，推动各类科技资源共享和优化配置。落实国家支持首台（套）先进重大能源技术装备示范应用的相关政策，加大对首台（套）先进能源技术装备的省级支持力度，引导企业加大研发投入力度，推动能源领域重大技术装备的推广应用。

在省级科技计划中设立碳达峰碳中和关键技术研究与示范等重点专项，围绕节能环保、清洁生产、清洁能源等领域布局一批前瞻性、战略性、颠覆性绿色技术创新攻关项目，采用"揭榜挂帅"、"赛马制"、委托定向、并行支持等机制，形成一批低碳、零碳、负碳关键核心技术。推动将绿色低碳技术创新成果纳入高等学校、科研单位、国有企业有关绩效考核。统筹省级科技专项资金，支持绿色低碳科技项目的研发和科技成果的在晋转化。统筹省级现有教育、科技专项资金，加强能源领域人才培养和引进，支持省内高校强化能源类学科建设。

11.5.3　完善碳排放监测统一核算体系

加强碳排放统计能力建设，夯实能源统计基层基础，强化能源消费数据审核，科学编制能源平衡表，建立以省级温室气体清单为主体，逐步延伸至城市、区县级别的高精度温室气体清单体系，提高清单时效性。探索建立省级温室气体综合管理平台，建立山西省重点领域碳排放核算与跟踪预警体系框架。建设重点行业、企业碳排放监测体系，推动重点企业日常碳排放监控和年度碳排放报告核查，率先开展太原国家级碳监测评估试点。建立固定源污染物与温室气体排放同步核查制度，实行一体化监管执法。依托移动源环保信息公开、达标监管、检测与维修等制度，探索实施移动源碳排放核查、核算与报告制度。综合运用地面环境二氧化碳浓度监测、卫星遥感反演、模式模拟的二氧化碳浓度分布等数据，科学评估各城市碳达峰行动成效。

参考文献

波兰气候环境部, Energy Policy of Poland until 2040 (EPP2040)[R/OL]. 2021. https://www.gov.pl/web/climate/energy-policy-of-poland-until-2040-epp2040.

中国电力企业联合会. 《中国电力统计年鉴 2021》[M]. 北京：中国统计出版社, 2021.

蔡博峰, 李琦, 张贤, 等. 中国二氧化碳捕集利用与封存（CCUS）年度报告（2021）——中国 CCUS 路径研究 [R]. 生态环境部环境规划院, 中国科学院武汉岩土力学研究所, 中国 21 世纪议程管理中心, 2021.

国家发展和改革委员会. 能源生产和消费革命战略（2016—2030）[R]. 国家发展和改革委员会, 2016.

胡鑫蒙, 赵迪斐, 郭英海, 等. 我国煤炭地下气化技术（UCG）的发展现状与展望：来自首届国际煤炭地下气化技术与产业论坛的信息 [J]. 非常规油气, 2017, 4(1): 108-115.

黄天航, 赵小渝, 陈劲锋. 多层次视角方法分析创新发展的可持续转型研究：以德国鲁尔区转型发展为例 [J]. 行政管理改革, 2021(12): 76-84. DOI:10.14150/j.cnki.1674-7453.2021.12.008.

季劲钧, 李克让. 21 世纪中国陆地生态系统与大气碳交换的预测研究 [J]. 中国科学 D 辑：地球科学, 2008, 38: 211-223.

甲烷减排：碳中和新焦点 [R]. 北京绿色金融与可持续发展研究院, 高瓴产业与创新研究院, 绿色创新发展中心, 2022.

祝彦. 低浓度瓦斯利用技术现状综述与展望 [J]. 能源技术与管理, 2022, 47(4): 32-34.

江亿, 胡姗. 屋顶光伏为基础的农村新型能源系统战略研究 [J]. 气候变化研究进展, 2022, 18(3): 272-282.

蒋含颖, 段祎然, 张哲, 等. 基于统计学分析的中国典型大城市二氧化碳排放达峰研究 [J]. 气候变化研究进展, 2021, 17(2): 1-9.

孔令峰, 张军贤, 李华启, 等. 我国中深层煤炭地下气化商业化路径 [J]. 天然气工业, 2020, 40(4): 156-163.

李海奎, 雷渊才. 中国森林植被生物量和碳储量评估 [M]. 北京：中国林业出版社, 2010.

刘国华, 付博杰, 方精云. 中国森林碳动态及其对全球碳平衡的贡献 [J]. 生态学报, 2000, 20(5): 733-740.

刘豪, 徐冬梅. 山西省乔木林碳汇动态趋势研究 [J]. 林业资源管理, 2019(6): 49-54, 68. DOI:10.13466/j.cnki.lyzygl.2019.06.010.

刘虹, 赵美琳, 赵康, 等. 山西省煤矿甲烷排放量与利用量精细测算 [J]. 天然气工业, 2022, 42(6): 179-185.

刘伟, 杜培军, 李永峰. 基于 GIS 的山西省矿产资源规划环境影响评价 [J]. 生态学报, 2014, 34(10): 2775-2786.

刘治国. 山西森林资源变化与优势树种碳储量动态研究 [D]. 太原：山西大学, 2017.

卢景龙, 梁守伦, 刘菊. 山西省森林植被生物量和碳储量估算研究 [J]. 中国农学通报, 2012, 28(31): 51-56.

鲁尔议会 . 2012—2017 鲁尔大都市的能源和温室气体平衡 [R/OL]. 2020. https://www.rvr.ruhr/themen/oekologie-umwelt/treibhausgas-bilanz/.

鲁尔议会 . "开发鲁尔大都会可再生能源潜力"的区域气候保护概念 [R]. 2016.

毛飞 . 煤炭地下气化是我国化石原料供给侧创新方向 [J]. 天然气工业 , 2016, 36(4): 103-111.

裴庆冰 . 典型国家碳达峰碳中和进程中经济发展与能源消费的经验启示 [J]. 中国能源 , 2021, 43(9): 68-73.

邱丽氚 , 王尚义 . 山西植被空间分布及其变化 [J]. 太原师范学院学报（自然科学版）, 2013, 12(3): 124-129.

桑树勋 , 袁亮 , 刘世奇 , 等 . 碳中和地质技术及其煤炭低碳化应用前瞻 [J]. 煤炭学报 , 2022, 47(4): 1430-1451.

孙丽娜 , 范晓辉 , 王孟本 . 山西森林植被碳储量空间分布格局 [J]. 山西大学学报（自然科学版）, 2018, 41(1): 226-232.

孙丽娜 . 山西省森林生物量碳密度空间格局和影响因素研究 [D]. 太原 : 山西大学 , 2020. DOI:10.27284/d.cnki.gsxiu.2020.002024.

王宁 . 山西森林生态系统碳密度分配格局及碳储量研究 [D]. 北京 : 北京林业大学 , 2014.

王晓庭 . 黄土高原地区国有林质量精准提升策略研究 [J]. 山西林业 , 2021(6): 14-15.

吴萍萍 , 董宁宁 . 山西主要天然林资源碳储量和碳密度的动态研究 [J]. 西南林业大学学报（自然科学）, 2017, 37(5): 174-178.

杨俊媛 . 山西省国有林场森林资源管理现状及对策建议 [J]. 农业灾害研究 , 2020, 10(5): 177-178. DOI: 10.19383/j.cnki.nyzhyj.2020.05.074.

袁佳 , 陈波 , 吴莹 , 等 . 碳达峰碳中和目标下公正转型对我国就业的挑战与对策 [J]. 金融发展评论 , 2022(1): 44-51. DOI:10.19895/j.cnki.fdr.2022.01.005.

袁亮 . 推动我国关闭 / 废弃矿井资源精准开发利用研究 [J]. 煤炭经济研究 , 2019, 39(5): 1.

张立 , 万昕 , 蒋含颖 , 等 . 二氧化碳排放达峰期、平台期及下降期定量判断方法研究 [J]. 环境工程 , 2021, 39(10): 1-7. DOI:10.13205/j.hjgc.202110001.

张智袁 , 李刚 , 张宾宾 , 等 . 山西典型天然草地碳分布特征及碳储量估算 [J]. 草地学报 , 2017, 25(1): 69-75.

中国甲烷排放时空特征分析与管理对策建议研究报告 [R]. 环境规划与政策模拟 , 2022.

蔡博峰 , 张泽宸 , 雷宇 , 等 . 中国区域中长期温室气体排放径研究：以江西省为例 [M]. 北京 : 中国环境出版集团 , 2023.

王灿 , 张九天 . 碳达峰　碳中和迈向新发展路径 [M]. 北京 : 中共中央党校出版社 , 2021.

邹才能 , 陈艳鹏 , 孔令峰 , 等 . 煤炭地下气化对中国天然气发展的战略意义 [J]. 石油勘探与开发 , 2019, 46(2): 195-204.

刘文革 , 徐鑫 , 韩甲业 , 等 . 碳中和目标下煤矿甲烷减排趋势模型及关键技术 [J]. 煤炭学报 , 2022, 47(1): 470-479.

顾春卫 , 许嵩 , 王建卿 , 等 . 基于国家能源安全保障的煤制油发展研究 [J]. 军民两用技术与产品 ,

2021(02), 42-47. DOI:10.19385/j.cnki.1009-8119.2021.02.008.

王双明, 王虹, 任世华, 等. 西部地区富油煤开发利用潜力分析和技术体系构想 [J]. 中国工程科学, 2022, 24(3): 49-54.

韩军, 方惠军, 喻岳钰, 等. 煤炭地下气化产业与技术发展的主要问题及对策 [J]. 石油科技论坛, 2020, 39(3): 50-59.

王秋凤, 郑涵, 朱先进, 等. 2001—2010 年中国陆地生态系统碳收支的初步评估 [J]. 科学通报, 2015, 60: 962.

王志萍. 2013 年度山西省林业碳汇计量监测初探 [J]. 山西林业, 2016(1): 19-21.

国家林业局. 林业发展"十三五"规划 [Z]. 2016.05.

张心竹, 王鹤松, 延昊, 等. 2001—2018 年中国总初级生产力时空变化的遥感研究 [J]. 生态学报, 2021: 1-12.

山西省林业和草原局. 2020 年山西省森林资源年度清查结果 [R]. 2021.

山西省林业和草原局. 2020 年山西省森林资源年度清查结果 [EB/OL]. (2021-10-27) [2024-09-23]. https://lcj.shanxi.gov.cn/zfxxgk_2022/zc/qt/sj_78688/202212/t20221201_7530488.html.

山西省人民政府办公厅. 山西省林业生态建设总体规划纲要（2011—2020 年）[EB/OL]. (2010-11-08) [2024-09-23]. https://wenku.baidu.com/view/bd1f1b7a74232f60ddccda38376baf1ffc4fe3f3.html.

中共中央 国务院. 关于完整准确全面贯彻新发展理念做好碳达峰碳中和工作的意见 [EB/OL]. (2021-09-22)[2021-10-03]. https://www.mofcom.gov.cn/zcfb/zgdwjjmywg/art/2021/art_dee4aa25a54049 d1bd69b6cfff7d195d.html.

山西省自然资源厅, 山西省统计局. 山西省第三次国土调查主要数据公报 [EB/OL]. (2022-01-06) [2024-09-23]. https://zrzyt.shanxi.gov.cn/zwgk/tzgg/202201/t20220127_4676493.shtml.

山西省人民政府办公厅. 山西省推进资源型地区高质量发展"十四五"实施方案的通知 [EB/OL]. (2022-04-07) [2024-09-23]. https://www.shanxi.gov.cn/zfxxgk/zfxxgkzl/fdzdgknr/lzyj/szfbgtwj/202205/ t20220513_5978755.shtml.

山西工业和信息化厅. 山西省"十四五"工业资源综合利用发展规划 [Z]. 2022.08.

张立, 谢紫璇, 曹丽斌, 等. 中国城市碳达峰评估方法初探 [J]. 环境工程, 2020, 38(11): 1-5,43.

何建坤. CO_2 排放峰值分析：中国的减排目标与对策 [J]. 中国人口资源与环境, 2013, 23(12): 1-9.

李健飞. 山西省林业碳汇发展现状及对策研究 [J]. 山西林业, 2017(1): 4-5.

李颖. 山西省碳汇造林及碳汇交易发展研究 [J]. 山西林业, 2021(2): 4-5, 48.

王云舒. 山西氢能产业发展的制约因素和政策选择 [J]. 煤炭经济研究, 2022, 42(7): 5-7.

邱丽氤, 王尚义. 山西植被空间格局及演替 [J]. 植物研究, 2014, 34(1): 6-13.

山西省发展和改革委员会. 山西省"十四五"现代交通体系建设实施方案 [EB/OL]. (2022-09-22) [2024-09-23]. https://www.shanxi.gov.cn/zfxxgk/zfcbw/zfgb2/2021nzfgb_76606/d10q_76616/ szfwj_77932/202205/t20220513_5976544.shtml.

国家林业局. 林业发展"十三五"规划 [EB/OL]. (2016-05-23) [2024-09-23]. https://www.forestry. gov.cn/main/3957/20160523/875431.html.

山西工业和信息化厅 . 山西省"十四五"工业资源综合利用发展规划 [EB/OL]. (2022-08-16) [2024-09-23]. https://gxt.shanxi.gov.cn/zfxxgk/zfxxgkml/jnzhly/202208/t20220819_6964542.shtml.

山西省林业和草原局 . 山西省"十四五"林业草原发展规划 [EB/OL]. (2022-02-10) [2024-09-23]. https://lcj.shanxi.gov.cn/zfxxgk_2022/zc/qt/sj_78688/202301/P020230118715375334573.pdf.

山西省人民政府 . 山西省主体功能区规划 [EB/OL]. (2014-03-27) [2024-09-23]. https://www.shanxi.gov.cn/zfxxgk/zfxxgkzl/fdzdgknr/lzyj/szfwj/202205/t20220513_5976013.shtml.

山西省人民政府 . 山西省碳达峰实施方案 [EB/OL]. (2023-01-09) [2024-09-23]. https://www.shanxi.gov.cn/zfxxgk/zfxxgkzl/fdzdgknr/lzyj/szfwj/202301/t20230119_7825853.shtml.

山西省人民政府 . 关于促进煤化工产业绿色低碳发展的意见 [EB/OL]. (2022-07-04) [2024-09-23]. https://www.shanxi.gov.cn/zfxxgk/zfcbw/zfgb2/2022nzfgb_76593/d7q_76600/szfbgtwj_77858/202208/t20220816_6948180.shtml.

山西省人民政府 . 山西省"十四五"未来产业发展规划 [EB/OL]. (2021-04-30) [2024-09-23]. https://www.shanxi.gov.cn/zfxxgk/zfcbw/zfgb2/2021nzfgb_76606/d7q_76613/szfwj_77917/202205/t20220513_5976511.shtml.

孙庆宇，张小东，赵家攀 . 长治区块煤层气赋存特征及控气因素 [J]. 中国煤炭地质 , 2016, 28(7): 11-15.

解政鼎，夏洁，王秋枫，等 . 煤炭地下气化和地面化工协同发展探索 [J]. 煤化工 , 2022, 50(5): 12-16.

国务院 . 国务院关于印发 2030 年前碳达峰行动方案的通知（国发〔2021〕23 号）[EB/OL]. (2021-10-24) [2024-09-23]. https://www.gov.cn/zhengce/content/2021/10/26/content_5644984.htm.

山西省发展和改革委员会 . 山西中部城市群产业协同发展专项规划（2022—2035 年）[EB/OL]. (2022-10-17) [2024-09-23]. http://fgw.shanxi.gov.cn/sxfgwzwgk/sxsfgwxxgk/xxgkml/zfxxgkxgwj/202211/t20221103_7355848.shtml.

山西省工业和信息化厅 . 山西省氢能产业发展中长期规划（2022—2035 年）[EB/OL]. (2022-07-29) [2024-09-23]. https://www.shanxi.gov.cn/ywdt/sxyw/202210/t20221015_7261474.shtml.

徐冰，郭兆迪，朴世龙，等 . 2000—2050 年中国森林生物量碳库：基于生物量密度与林龄关系的预测 [J]. 中国科学：生命科学 , 2010, 40(7): 587-594.

Arouri M E H, Youssef A B, M'henni H, et al. Energy consumption, economic growth and CO_2 emissions in Middle East and North African countries[J]. Energy Policy, 2012, 45: 342-349.

C40. 27 cities have reached peak greenhouse gas emissions whilst populations increase and economies grow[R]. 2018.

Chen X, Shuai C, Wu Y, et al. Analysis on the carbon emission peaks of China's industrial, building, transport, and agricultural sectors[J]. Science of the Total Environment, 2020, 709: 135768.

Cui C, Wang Z, Cai B, et al. Evolution-based CO_2 emission baseline scenarios of Chinese cities in 2025[J]. Applied Energy, 2021, 281: 116116.

DeAngelo J, Azevedo I, Bistline J, et al. Energy systems in scenarios at net-zero CO_2 emissions[J]. Nature communications, 2021, 12(1): 1-10.

Dellink R, Chateau J, Lanzi E, et al. Long-term economic growth projections in the shared socioeconomic pathways[J]. Glob. Environ. Chang, 2017, 42: 200-214.

Duan H, Sun X, Song J, et al. Peaking carbon emissions under a coupled socioeconomic-energy system: Evidence from typical developed countries[J]. Resources, Conservation and Recycling, 2022, 187: 106641.

Gao Y, Zhang M, Zheng J. Accounting and determinants analysis of China's provincial total factor productivity considering carbon emissions[J]. China Economic Review, 2021, 65: 101576.

Gong S, Shi Y. Evaluation of comprehensive monthly-gridded methane emissions from natural and anthropogenic sources in China[J]. Science of the Total Environment, 2021, 784: 147116.

Guan D, Hubacek K, Weber C L, et al. The drivers of Chinese CO_2 emissions from 1980 to 2030[J]. Global Environmental Change, 2008, 18: 626-634.

Guan D, Meng J, Reiner D M, et al. Structural decline in China's CO_2 emissions through transitions in industry and energy systems[J]. Nature Geoscience, 2018, 11: 551-555.

He N P, Wen D, Zhu J X, et al. Vegetation carbon sequestration in Chinese forests from 2010 to 2050[J]. Glob. Change Biol., 2017, 23: 1575-1584.

Hu H, Wang S, Guo Z, et al. The stage-classified matrix models project a significant increase in biomass carbon stocks in China's forests between 2005 and 2050[J]. Scientific Reports, 2015, 5: 11203.

IPCC (Intergovernmental Panel on Climate Change). Climate Change 2014: Synthesis Report. Contribution of Working Groups Ⅰ, Ⅱ and Ⅲ to the Fifth Assessment Report of the Intergovernmental Panel on Climate Change[R/OL]. Geneva, Switzerland, 2014.

IPCC (Intergovernmental Panel on Climate Change). Climate Change 2022: Mitigation of Climate Change. Contribution of Working Group III to the Sixth Assessment Report of the Intergovernmental Panel on Climate Change[R/OL]. Cambridge University Press, Cambridge, UK and New York, NY, USA. 2022. DOI: 10.1017/9781009157926.

IPCC (Intergovernmental Panel on Climate Change). Refinement to the 2006 IPCC guidelines for national greenhouse gas inventories[R/OL]. 2019. [2021-05-14]. https://www.ipcc.ch/report/2019-refinement-to-the-2006-ipcc-guidelines-for-national-greenhouse-gas-inventories/.

IPCC (Intergovernmental Panel on Climate Change). Summary for Policymakers. In: Global Warming of 1.5℃. An IPCC Special Report on the impacts of global warming of 1.5℃ above pre-industrial levels and related global greenhouse gas emission pathways, in the context of strengthening the global response to the threat of climate change, sustainable development, and efforts to eradicate poverty[R/OL]. Cambridge University Press, Cambridge, UK and New York, NY, USA, 2018, DOI:10.1017/9781009157940.001.

Jiang L, O'Neill B C. Global urbanization projections for the shared socioeconomic pathways[J]. Glob. Environ. Chang, 2017, 42: 193-199.

Kholod N, Evans M, Pilcher R C, et al. Global methane emissions from coal mining to continue growing even with declining coal production[J]. J Clean Prod, 2020, 256: 120489.

Lei Wen, Zhenkai Li. Provincial-level industrial CO_2 emission drivers and emission reduction strategies in China: Combining two-layer LMDI method with spectral clustering[J]. Science of the Total Environment, 2020, 700: 134374.

Levin K, Rich D. Turning points trends in countries'reaching peak greenhouse gas emissions over time[J]. World Resources Institute Working Paper, 2017, 2: 36.

LI H, QIN Q. Challenges for China's carbon emissions peaking in 2030: A decomposition and decoupling analysis [J]. Journal of Cleaner Production, 2019, 207: 857-865.

McKinsey. Carbon Neutral Poland 2050[R/OL]. 2020. https://www.mckinsey.com/industries/electric-power-and-natural-gas/our-insights/carbon-neutral-poland-2050-turning-a-challenge-into-an-opportunity.

Sheng Y, Pilon P, Cavadias G. Power of the Mann–Kendall and Spearman's Rho tests for detecting monotonic trends in hydrological series[J]. Journal of Hydrology, 2002, 259: 1-4, 254-271. DOI: 10.1016/S0022-1694(01)00594-7.

Shi C. Decoupling analysis and peak prediction of carbon emission based on decoupling theory[J]. Sustainable Computing: Informatics and Systems, 2020, 28: 100424.

Tang X, Zhao X, Bai Y, et al. Carbon pools in China's terrestrial ecosystems: new estimates based on an intensive field survey[J]. Proceedings of the National Academy of Sciences of the United States of America, 2018, 115:4021-4026.

TAPIO P. Towards a theory of decoupling: degrees of decoupling in the EU and the case of road traffic in Finland between 1970 and 2001 [J]. Transport Policy, 2005, 12(2): 137-151.

Tate R D. Bigger than oil or gas? Sizing up coal mine methane[R]. Global Energy Monitor, 2022.

World research institute. Here's Poland's recent history on climate and how they can steer future COP24[R/OL]. 2018. https://www.wri.org/insights/heres-polands-recent-history-climate-and-how-they-can-steer-future-cop24.

Xu B, Guo Z, Piao S, et al. Biomass carbon stocks in China's forests between 2000 and 2050: A prediction based on forest biomass-age relationships[J]. Science China-Life Sciences, 2010, 53: 776-783.

Yuanping C, Lei W, Xiaolei Z. Environmental impact of coal mine methane emissions and responding strategies in China[J]. International Journal of Greenhouse Gas Control, 2010.

Zhang L, Wu P, Niu M, et al. A systematic assessment of city-level climate change mitigation and air quality improvement in China[J/OL]. Science of The Total Environment, 2022: 156274. https://doi.org/10.1016/j.scitotenv.2022.156274.

附表 1　山西省化石燃料二氧化碳排放因子

能源类型	排放因子	单位
原煤	1.93	tCO_2/t
无烟煤	2.36	tCO_2/t
煤矸石	0.72	tCO_2/t
褐煤	1.24	tCO_2/t
烟煤	1.93	tCO_2/t
洗精煤	2.23	tCO_2/t
其他洗煤	0.70	tCO_2/t
其他煤制品	1.94	tCO_2/t
型煤	1.99	tCO_2/t
焦炭	2.86	tCO_2/t
焦炉煤气	9.15	tCO_2/t
高炉煤气	2.28	tCO_2/t
其他煤气	2.28	tCO_2/t
天然气	21.62	tCO_2/m^3
炼厂干气	3.01	tCO_2/t
原油	3.08	tCO_2/t
汽油	3.04	tCO_2/t
煤油	3.15	tCO_2/t
柴油	3.15	tCO_2/t
燃料油	3.05	tCO_2/t
溶剂油	3.09	tCO_2/t
润滑油	2.98	tCO_2/t
石蜡	2.87	tCO_2/t
石脑油	3.16	tCO_2/t
石油焦	3.16	tCO_2/t
沥青	3.08	tCO_2/t
焦油	2.64	tCO_2/t
粗苯	3.41	tCO_2/t
液化石油气	3.10	tCO_2/t
液化天然气	3.18	tCO_2/t

能源类型	排放因子	单位
供热	0.13	tCO₂/GJ
供电	0.74	tCO₂/（MW·h）

附表2   山西省工业过程二氧化碳排放因子

产品类型	排放因子	单位
水泥熟料	0.53	tCO₂/t
石灰	0.68	tCO₂/t
玻璃	0.20	tCO₂/t
粗钢	0.15	tCO₂/t
电石	1.15	tCO₂/t
电解铝	1.35	tCO₂/t

附表3   山西省40个行业的代码和名称

行业代码	行业名称	产业划分
S1	农业	第一产业
S2	煤炭采选产品	第二产业
S3	石油和天然气开采产品	
S4	金属矿采选产品	
S5	非金属矿和其他矿采选产品	
S6	食品和烟草	
S7	纺织业	
S8	木材加工品和家具	
S9	造纸及纸制品业	
S10	印刷和文教体育用品	
S11	石油及核燃料加工业	
S12	炼焦业	
S13	化工行业	
S14	塑料制品业	
S15	水泥、石灰和石膏制造业	
S16	玻璃及玻璃制品制造业	

行业代码	行业名称	产业划分
S17	其他非金属矿物制品	第二产业
S18	钢铁、钢压延产品、铁合金产品	
S19	其他金属冶炼和压延加工品	
S20	金属制品	
S21	通用设备	
S22	专用设备	
S23	交通运输设备	
S24	电气机械和器材	
S25	通信设备、计算机和其他电子设备	
S26	仪器仪表	
S27	其他制造产品和废品废料	
S28	金属制品、机械和设备修理服务	
S29	火电和热力的生产和供应	
S30	其他电力的生产和供应	
S31	燃气生产和供应	
S32	水的生产和供应	
S33	建筑业	
S34	批发、零售和住宿、餐饮	第三产业
S35	铁路运输	
S36	道路运输	
S37	水上运输	
S38	航空运输	
S39	其他运输、仓储和邮政	
S40	其他服务业（主要包括信息传输、软件和信息技术服务、金融、房地产、文化、体育和娱乐等）	